KB269662

나노에
둘러싸인
하루

나노에 둘러싸인 하루

김문제 · 송선경 지음

살림Friends

무궁무진한 상상력의 근원, 나노

나노와 나는 참으로 친한 친구입니다. 나는 내 인생의 대부분의 시간을 나노와 함께 실험실에서 보냈습니다. 전자현미경을 통해 하나씩 드러나는 나노의 신비와 나노가 가져다준 신기술은 나를 감탄시키기도 했고 흥분시키기도 했습니다.

대학원에 다닐 때부터 전자현미경을 통해서 신소재의 구조와 결함을 원자 단위로 관찰해 온 이래 벌써 나노와 함께 씨름해 온 시간이 사반세기가 넘었습니다. 한밤중 귀가 길에 보이던 까만 하늘의 별들이 마치 실험실에서 막 관찰하고 나온 전자회절패턴(electron diffraction pattern, 전자 빔이 만든 회절 무늬)처럼 보였던 기억이 아직도 생생합니다. 그만큼 나에게 있어 나노는 저 우주만큼이나 광활한 미지의 세계였습니다.

나노는 미래이고 미래는 나노입니다. 나노과학기술 없는 미래과학은 생각할 수조차 없습니다. 하지만 알수록 경이로운 나노에 관해 말할라 치면, 사람들은 대부분 손사래를 치거나 머리를 흔들며 자신들과는 아무 상관없는 어려운 과학쯤으로 치부해 버리곤 했습니다.

그래서 나는 이 재미난 친구인 나노를 실험실 밖으로 내보내기로

결심했습니다. 그동안 나는 실험실 밖의 많은 사람들에게 나노를 쉽고 재미있게 설명하기 위해 노력해 왔습니다. 텍사스 포트워스 과학박물관을 찾은 학생들에게 'NISE'라는 교육 프로그램을 통해 나노를 소개해 왔고, 또 나노장비를 갖춘 버스(nano mobile)를 타고 초등학교에 가서 직접 손으로 나노장비를 만지게 하고 실험을 하며 아이들과 놀기도 했습니다. 그만큼 나는 많은 사람들이, 특히 다음 세대의 주인공들이 나노에 대해 관심을 갖는 것이 매우 중요하다고 믿고 있습니다. 이번에 한국의 독자들을 위해 이 책을 출간하게 된 것도 같은 이유입니다.

나는 이 책을 통해 나노를 만나게 될 여러분이 더욱 행복해지고 더 많은 꿈을 꾸게 되길 바랍니다. 또 아직 대부분의 사람에겐 생소하거나 일부 잘못 알려진 나노를 세상에 제대로 알리고 싶습니다. 그리고 제가 가장 바라는 것은 이 책을 읽는 많은 청소년들이 나노를 탐구하여 미래 생활을 풍요롭게 하고, 많은 사람들을 질병으로부터 해방시켜 주는 주인공이 되는 것입니다. 그리하여 우리 대한민국의 청소년들이 노벨물리학상, 노벨화학상, 노벨의학상을 수상하는 가슴 벅찬 미래를 기대해 봅니다.

그렇지만 우리의 청소년들이 노벨상을 위해 노력하기 전에 이 재미난 과학을 통하여 여러분 스스로가 즐겁고 행복해지는 것이 무엇보다 중요하다는 것을 잊지 않기를 바랍니다.

실험실에서 밤을 새워 가며 새로운 세계를 탐구하는 그 즐거운 여정은 인생의 많은 시간을 바쳐도 좋을 만큼 매우 보람된 일이었음을 고백합니다. 그런데 거기다 업적이 인정되어 인류에 기여하고 또 상까지 받게 된다면 이보다 더 의미 있는 일이 어디 있겠습니까?

내가 글을 쓰면서 줄곧 노력한 것은 어떻게 하면 나노에 대한 독자들의 호기심과 관심을 증폭시킬 수 있을지, 또 어떻게 다음 세대의 주역인 청소년들에게 나노에 대한 비전을 심어 줄 수 있을지, 하는 점이었습니다.

미래과학의 주인공은 내가 아닌 여러분이고, 그 열쇠는 여러분의 호기심과 탐구, 그리고 상상력에 달려 있습니다. 미래는 꿈꾸는 자의 것입니다. 여러분이 나노와 함께할 여정은 끝도 없이 무궁무진하고 이제 그 미래는 전적으로 여러분의 손에 달려 있습니다.

끝으로 이 책이 나오기까지 많은 관심과 응원을 보내 준 우리 연구실 모든 식구들에게 감사의 말을 전하고 싶습니다.

텍사스 주립대 융합 연구동에서

김문제

쉽고 재미있는 나노의 세계

학창 시절 내가 가장 싫어했던 과목은 과학이었습니다. 생물은 그런대로 했던 기억이 있는데 나머지 과학 과목들은 정말 내 관심 밖이었습니다. 자라서도 나는 기계치에 컴맹으로 주변 사람들에게 여러 가지 민폐를 끼치며 살고 있습니다. 그런 내가 과학 도서의 저자가 되다니 하나님은 참으로 놀라우신 분이라는 생각이 듭니다.

영문학을 전공했던 나는 학창 시절 존 버니언의 『천로역정』(1675년에 영국의 작가 존 버니언이 쓴 종교 소설)을 읽다가 포기한 적이 있습니다. 책을 읽는 것을 무척 좋아했던 나로서도 고어체의 문체와 어려운 표현에 질려 그만 중도에 책 읽기를 포기하고 말았습니다.

그런데 20년이 지나 나는 우연히 다시 그 책을 읽게 되었습니다. 미국의 어느 영문학 교수가 친절하게도 현대적인 표현과 쉬운 눈높이로 그 책을 다시 쓴 것입니다. 재미난 그림과 동화처럼 편안한 이야기. 아니 『천로역정』이 이렇게 재미있는 책이었다니. 쉽게 편집된 『천로역정』을 다 읽고 나니 이 책이 주는 훌륭한 메시지에 감동하여 원본을 꼭 다시 읽어 봐야겠다는 각오가 생겨났습니다.

나는 지금 그런 마음으로 이 책을 쓰고 있습니다. 여러분 가운데 혹시 과학이 영 재미없고 힘든 분이 있다면, 과학을 싫어한다거나 과학에 대한 능력이 없다고 성급하게 단정짓지 말기를 바랍니다. 여러분은 단지 과학에 대해 재미있는 접근법을 발견하지 못했을 수도 있습니다.

　다시 책 이야기로 돌아가 보지요. 처음 이 책을 쓸 때 나는 이해하기 어려운 논문들과 딱딱한 자료 속에 숨이 막혔습니다. 며칠 동안 막막한 심정으로 한숨만 내쉬었습니다. 이 책의 공동 저자이신 김 박사님을 인터뷰하며 많은 대화를 나누었습니다. 내가 알아들을 수 있을 때까지 박사님은 여러 번 반복해서 설명을 해 주셨습니다. 내가 못 알아들으면 여러분도 못 알아듣는다는 심정으로 이해가 될 때까지 묻고 또 물었습니다. 그리고 나서 나는 내가 알게 된 나노과학기술에 대해 여러분에게 이야기를 들려주듯이 이 책을 써 나갔습니다. 이렇게 이야기를 풀어나가는 데는 아나운서로 활동했던 경험이 큰 도움이 되었습니다.

　이 책은 나노과학기술에 대한 이야기입니다. 물론 재미있는 사진과 그림도 많이 넣었지요. 과학도 얼마든지 재미난 이야기가 될 수 있다는 것을 여러분께 알려 드리고 싶었습니다. 그리고 개인적으로도 이 과정을 거치고 나니 학창 시절 그렇게 어렵고 지겹게만 느껴졌던 과학이 살짝 재미있어지려고 함을 고백합니다.

송선경

nano

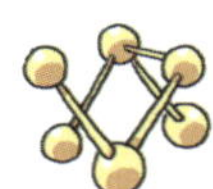

나노야, 반가워

• 나노란 무엇인가 • 나노, 세상에 알려지다 • 나노를 발견하다 • 나노과학기술이란 무엇인가

나노란 무엇인가

안녕하세요? 나는 나노(nano)입니다. 내 이름은 난쟁이를 뜻하는 나노스(nanos)에서 나왔습니다. 요즘 이름치곤 좀 그렇죠? 이미 내 이름 때문에 눈치를 챘겠지만 나는 키가 좀 작아서 10억 분의 1미터 크기랍니다.

그래도 감이 오지 않는다면 여러분의 머리카락 한 올을 한번 보세요. 나는 머리카락 굵기의 10만 분의 1 정도의 크기랍니다. 또 다른 예를 들자면 원자와 원자들 사이의 간격이 대략 0.2나노미터(nanometer)니까, 나노 크기란 원자가 5개쯤 모여 있는 크기라고 할 수 있습니다.

　나노의 자기소개를 잘 들었나요? 혹시 나노의 설명을 들은 후에도 나노가 얼마나 작은지 쉽게 감이 오지 않는다고요? 그럼 이제부터 좀 더 알기 쉽게 설명하겠습니다. 우리 주위에서 쉽게 찾아볼 수 있는 것들과 나노를 한번 비교해 볼게요.

　여러분이 좋아하는 강아지의 크기는 약 1미터입니다. 우리가 야구를 할 때 사용하는 야구공의 지름은 강아지의 약 10분의 1 크기인 10센티미터 정도입니다. 야구공의 10분의 1 크기인 1센티미터는 왕개미 정도의 크기지요. 왕개미의 10분의 1인 1밀리미터는 강아지의 몸에 붙어 있는 벼룩만 한 크기입니다. 그렇다면 벼룩보다 더 작은 것은 무엇이 있을까요? 크기를 좀 더 줄여서 벼룩보다 작은 것들을 생각해 봅시다.

길이의 단위

1미터(m) = 100센티미터(cm)
1센티미터 = 10밀리미터(mm)
1밀리미터 = 1,000마이크로미터(μm)
1마이크로미터 = 1,000나노미터(nm)

따라서 1미터는 1,000,000,000나노미터가 됩니다.

　1밀리미터만 한 벼룩의 10분의 1 크기는 보통 사람의 머리카락 정도의 굵기인데 이를 100마이크로미터(micrometer)라고 합니다. 자, 이제부터는 정말 보일까 말까한 크기니까 아주 잘 보아야 해요. 석탄을 태우고 남은 재를 석탄재라고 하는데요. 이 석탄재는 사람 머리카락의 10분의 1 크기인 10마이크로미터 정도입니다. 또 석탄재 크기의 10분의 1인 1마이크로미터는 사람의 혈액에 있는 적혈구보다 작은 크기라고 생각하면 됩니다(적혈구는 6~8마이크로미터).

나노가 얼마나 작은지 설명하려면 아직 멀었냐고요? 아니에요. 이제 거의 다 왔어요. 그럼 바쁘니까 조금 건너뛰어 볼게요. 1마이크로미터의 1,000분의 1 크기를 1나노미터라고 합니다. 1나노미터는 모든 생명체의 핵심 요소라고 할 수 있는 DNA보다도 작은 크기입니다 (DNA의 폭은 2.5나노미터).

지금까지 나노가 얼마나 작은 크기인지 설명하기 위해 강아지부터 시작해서 점점 작게 크기를 줄여 살펴봤습니다. 그렇다면 인간이 만들 수 있는 가장 작은 크기는 과연 얼마만 한지 궁금하지 않으세요? 이런 궁금증을 가지고 연구를 시작한 사람들이 있었으니, 그들이 바로 나노를 연구하는 과학자들입니다.

DNA
유전자의 본체이며 디옥시리보핵산이라고도 한다. 주로 세포 내에서 생물의 유전 정보를 보관한다.

나노, 세상에 알려지다

　세상에서 가장 큰 빌딩은 무엇일까요? 이는 아랍 에미리트(UAE)라는 나라의 부르즈 칼리파 빌딩입니다. 버즈 두바이로도 불리는 이 빌딩은 높이가 무려 818미터나 된다고 합니다. 우리나라의 63빌딩만 봐도 대단한데 162층짜리 빌딩이라니 생각만 해도 아찔합니다. 그런데 이제 곧 우리나라에도 133층, 640미터 높이의 아시아에서 최고로 높은 건물이 지어질 예정이라고 하니 참으로 자랑스럽습니다.

　이처럼 점점 크고 높은 것을 만들기 바쁜 세상에 사람들은 오랫동안 나노처럼 작은 것에는 관심이 없었답니다. 나노는 너무 작고 눈에 보이지도 않아 그것이 있는지 없는지조차도 몰랐다는 게 옳은 표현일 거예요.

　그런데 **리처드 파인먼**이라는 미국의 멋진 물리학자가 처음으로 나노의 존재를 세상에 알렸습니다. 파인먼은 노벨물리학상을 받은 세계적인 물리학자입니다. 그는 1959년 미국물리학회에서 '극소공학 분야에 무한한 가능성이 있다(There's plenty of room at the bottom)'라는 제목으로 강연을 했는데, 바로 여기서 처음으로 나노에 주목해서 나노가 앞으로 훌륭한 임무를 많이 해낼 거라고 예견했습니다.

　파인먼의 주장은 쉽게 말하자면, 나노 크기의 아주 작은 집터 위에 여러 가지 특정 임무를 수행할 수 있는 아주 작은 구조물을 세울 수 있다는 것이었습니다. 그는 이것을 이용해 나노 크기만 한 기계를 개발할 수 있다고 주장하며 이 기계들이 미래 생활에 많은 변화를 가져

다줄 것임을 예견했습니다.

보이지도 않는 분자만 한 집터 위에 떡하니 여러 가지 구조물을 만들 수 있다는 파인먼의 주장에 사람들은 '보이지도 않는데 그 위에 뭘 짓겠다는 거야? 도대체 무슨 소리지?'라며 냉담한 반응을 보였습니다.

1959년 당시 황당하게까지 여겨졌던 파인먼의 주장은 여기서 멈추지 않았습니다. 그는 브리태니커백과사전에 담긴 모든 정보를 머리 핀 크기에 담을 수 있

리처드 파인먼(Richard P. Feynman, 1918~1988)
미국의 이론 물리학자. 양자 역학 분야의 새로운 접근법을 개척하였으며 나노 기술의 가능성을 주장했다. 1965년 양자 역학 연구에 관한 공로를 인정받아 노벨물리학상을 수상했다.

는 날이 올 것이라고 주장하며 앞으로 나노 시대가 올 것임을 예견했습니다. 하지만 그의 말을 들은 다른 과학자들은 말도 안 되는 소리라며 냉담한 반응을 보였습니다. 사실 알려지지도 않았고 눈에 보이지도 않았던 나노가 대단한 일을 할 수 있을 거라고 생각하는 사람이 없었던 것은 당시로선 너무나도 당연한 일이었습니다.

나노에 둘러싸인 세상

하지만 반세기도 지나기 전에 파인먼의 예상은 적중했습니다. 이미 우리 생활 전반에 나노과학기술이 사용되지 않은 물건을 찾아보기

힘든 세상이 되었습니다. 점점 더 작아진 휴대전화와 컴퓨터, 디지털 TV 등을 하루라도 사용하지 않는 날이 없으니 말이지요.

이에 2000년 미국에서는 국가나노과학기술계획(NNI)을 발표하고 국가 차원의 나노과학기술 개발을 선포하기에 이르렀습니다. 미국뿐만 아니라 일본과 유럽의 여러 나라에서도 나노과학기술 연구에 국가의 미래를 걸고 경쟁적으로 연구를 하고 있습니다. 이제 나노과학기술은 전자, 정보, 통신 분야뿐만 아니라 기계, 화학, 바이오, 에너지 등 거의 모든 분야에 걸쳐 응용 가능한 혁명적 기술로 주목받고 있습니다. 나노과학기술이 변화시킬 여러분의 미래는 혁명을 넘어서, 거의 모든 상상이 현실로 이루어지는 시대일 것입니다. 아마 나노도 자신이 이렇게 많은 일을 할 수 있을지 미처 몰랐을 것입니다.

nano
nano

1959년 12월 물리학자 리처드 파인먼이 '극소공학 분야에 무한한 가능성이 있다.'는 강연을 한 후로 사람들이 보이지 않는 원자와 분자의 세계에 관심을 갖기 시작했습니다. 하지만 그 당시의 과학 기술로는 분자의 세계를 들여다볼 방법이 없었습니다. 뭐 보이는 게 있어야 뭐든 해 볼 것 아니겠어요? 원자와 분자를 관찰하기 위해서는 **분해능**이 좋은 특수한 현미경이 필요했습니다. 그래서 나노과학기술이 본격적으로 발전하기 시작한 것은 발전된 성능을 가진 현미경이 나온 이후부터였습니다.

여러분이 흔히 알고 있는 현미경은 물질을 통과한 빛이 대물렌즈(물체 가까이에 있는 렌즈)에 의해 확대된 실상을 관찰하는 장치로, 빛을 이용한다고 해서 광학현미경(optical microscope)이라고 부릅니다. 이와 달리 전자현미경(electron microscope)은 전자 빔을 이용해 물체의 이미지를 확대합니다. 광학현미경이 투명한 렌즈를 사용하여 빛을 모으고 펼친다면, 전자현미경은 자기장을 이용하여 마치 볼록렌즈가 빛을 모으듯이 전자 빔을 모으고 펼쳐서 물체의 이미지를 확대합니다. 전자현미경을 통해 과학자들은 원자 단위의 관찰이 가능해졌습니다.

가시광선을 이용한 광학현미경은 380~

750나노미터의 파장을 가지고 있어 이론상 2,000배 이상의 확대가 불가능하지만 전자현미경의 경우 전자 빔 파장이 가시광선 파장의 10만 분의 1 이하로 조절되어 원자 단위의 관찰이 가능하게 되었습니다. 사실 이런 새로운 현미경의 개발은 나노과학기술만을 위한 것은 아니었습니다. 20세기 초 과학의 발달과 함께 생물학, 물리학, 화학 등 여러 다른 분야에서 작은 세포나 물질을 관찰하기 위해 보다 우수한 분해능을 가진 현미경이 필요했기 때문입니다.

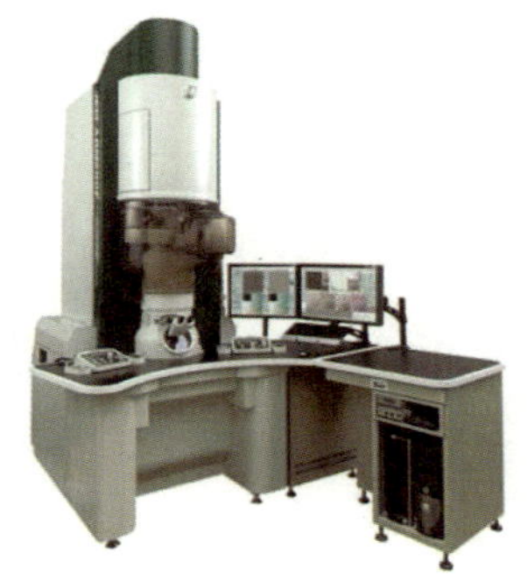

△ 0.08나노미터의 분해능을 가지고 있는 최고 성능의 전자현미경.
© JEOL

사실 리처드 파인먼이 나노를 주장할 당시에도 전자현미경이 있기는 했습니다. 먼저 1924년 프랑스의 과학자 **루이 드브로이**가 전자파동설에 관한 이론을, 한스 부시 등 다른 물리학자들이 전자파의 회절에 관한 이론을 정립해 전자현미경 개발의 기반을 마련했습니다. 그 후 몇 년 뒤인 1931년에 베를린 기술 대학의 석사 과정 학생이었던 루스카와 놀 교수가 최초의 전자현미경을 개발하는 데 성공했습니다. 하지만 당시 개발된 전자현미경

루이 드브로이(Louis Victor de Broglie, 1892~1987)
프랑스의 이론 물리학자. 양자론을 연구하여 물질 파동 개념을 확립하였다. 1929년에 노벨물리학상을 받았다.

은 일반 현미경보다 배율이 낮았던 문제점이 있었습니다. 그 정도 배율의 현미경을 가지고서는 분자의 세계를 들여다볼 수 없었으니 안타까울 따름이었지요. 그로부터 오랜 세월이 지나 1980년대에 이르러서야 실제 원자와 분자의 관찰이 가능한 전자현미경이 개발되었고 이때부터 본격적으로 나노과학기술이 발전하기 시작합니다.

그런데 한 가지 재미있는 것은 이미 1925년에 루이 드브로이가 전자 빔은 매우 짧은 파장을 가지고 있어서 자기렌즈(전자현미경에 사용되는 자기장을 이용해 만든 렌즈)의 초점 거리 또한 매우 짧아야 한다고 주장을 했었다는 점입니다. 그로부터 몇 년 뒤 루스카가 전자현미경을 개발할 때 드브로이의 이론을 듣지 못하고 그만 그 사실을 간과했다고 합니다. 과학자가 다른 사람의 이론을 접하지 못해 훌륭한 발명을 해 놓고도 더 좋은 성과를 거둘 수 있는 기회를 놓쳤다는 것은 참으로 안타까운 일입니다. 물론 요즘처럼 인터넷과 미디어가 발달되어 시간과 장소를 초월해 새로운 정보를 공유하는 세상에선 생각할 수 없는 일이지만 말입니다.

그때 분자를 관찰할 수 있는 전자현미경이 나왔더라면 지금의 나노과학기술을 몇십 년 앞당길 수 있었을지도 몰랐을 텐데 하는 아쉬운 생각이 들기도 하네요. 아무튼 그 이후 더 많은 과학자들과 기업들이 노력한 결과 진보된 기술과 새로운 디자인을 갖춘 전자현미경이 개발·보급되기에 이르렀습니다. 이에 1986년 루스카는 전자광학 기초이론의 확립과 최초의 전자현미경 개발 공로를 인정받아 노벨물리학상을 수상하게 되었습니다.

1980년대에 드디어 분자나 고체의 구조를 직접 볼 수 있는 초고성능의 전자현미경이 개발되어 20여 년 전 한 물리학자의 가설에 지나지 않았던 나노과학기술이 현실화되기에 이르렀습니다. 그동안 수많은 과학자들과 공학자들이 보다 높은 배율과 좋은 성능을 가진 현미경을 개발해 온 결과 전자현미

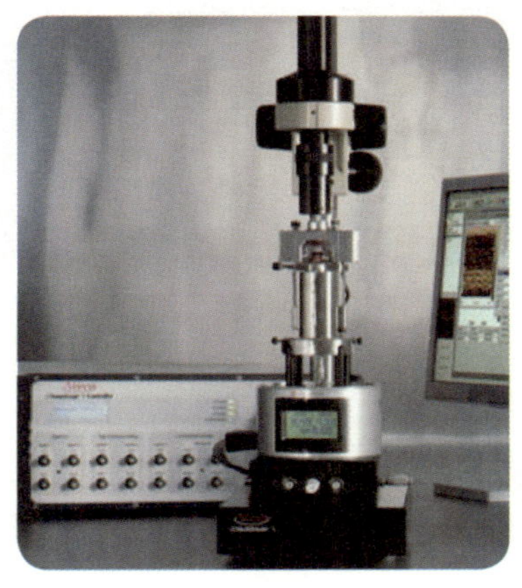

△ 텍사스 주립대학교 실험실의 원자 현미경.
© Veeco

경으로 원자의 이미지를 직접 관찰할 수 있게 되었습니다. 뿐만 아니라 현미경에 각종 분석 장비를 달아 원자의 종류, 배열 상태, 원자와 원자 사이의 결합, 더 나아가 이들의 3차원 영상까지 관찰할 수 있게 되었습니다. 전자현미경은 물리학, 생물학 등 각 분야의 목적에 맞게 특수하게 개발되었습니다. 그리고 마침내 원자현미경(scanning probe microscope)이라는 제3세대 현미경이 탄생하였습니다.

원자현미경은 광학현미경과 전자현미경에 이어 개발된 최첨단 현미경으로, 원자 지름의 수십 분의 1까지 측정할 수 있는 놀라운 성능을 가졌습니다. 또한 진공 상태에서만 사용이 가능했던 전자현미경과는 달리 대기 중에서도 사용이 가능하여 과학자들이 더욱 자유롭게 실험을 할 수 있게 되었습니다. 원자현미경의 개발로 물질의 여러 가지

△ 1981년 물리학자 거드 비니히와 하이니 로러가 스위스 취리히 IBM 실험실에서 발명한 원자 현미경. 이 원자 현미경은 최초로 원자를 보여 준 역사적인 발명품입니다.

물리적, 기계적, 전기적 특성들을 간편하게 분석할 수 있게 되었고, 이를 이용한 나노과학기술도 다양한 분야에서 눈부시게 발전하게 되었습니다.

이전에는 볼 수도 없었던 원자를 이제는 몇 개의 층으로 이루어졌는지 볼 수 있게 되었고, 이들이 얼마나 균일한지 또 어떤 결정 방향으로 배열되어 있는지까지 관찰할 수 있게 됐으니 정말 놀라운 발전입니다. 또한 나노물질을 물리적으로 누르고 당기면 원자 단위의 변화가 일어나는데, 그로 인해 나노물질의 특성이 어떻게 변하는지를 원자현미경으로 관찰할 수 있게 되었습니다. 이것은 물질의 특성을 직접 살필 수 있게 된 놀라운 변화입니다. 신소재의 특성을 잘 알고 있을수록 더 잘 활용할 수 있기 때문에 원자현미경은 앞으로 나노과학기술이 발전하기 위해 꼭 필요한 기구입니다.

게다가 원자현미경은 관찰만 하는 기구가 아닙니다. 과거의 현미경은 단순히 관찰만 할 수 있었는데 현재는 이런 수동적인 기능에서 발전해 현미경 안에서 각종 실험을 할 수 있게 되었습니다. 나노 단위의 무늬를 새겨 넣는가 하면, 나노물질을 원자 단위의 이미지로 보면서 자르고, 옮기고, 붙이는 것이 가능해졌습니다. 이러한 첨단 현미경 덕분에 보이지 않는 집터에서 자르고, 붙이고, 나르고 하는 정교한 집짓기가 가능해졌다는 말입니다.

미시 세계 속의 원자를 눈으로 확인할 수 있는 길이 열리게 된 것은 오직 '보는 것이 믿는 것'인 과학의 세계에서 실험을 직접 증명할 수 있는 중요한 수단이 되었습니다. 이로 인해 그동안 가설에만 그치던 나노 과학자들의 주장이 결코 허황된 미래의 기술이 아님을 입증하게 된 셈입니다.

나노과학기술이란 무엇인가

그렇다면 나노과학기술이 과연 무엇이길래 그렇게 많은 일을 할 수 있고, 또 이것이 발전되면 현재의 과학기술로는 예측할 수 없을 정도의 엄청난 변화를 가져올 수 있다는 것인지 구체적으로 알아보도록 하겠습니다. 나노가 무슨 뜻인지는 이제 여러분도 다 알 것이고, 그것이 얼마나 작은지도 잘 알 것입니다. 앞에서 설명했다시피 나노는 마이크로미터보다 작은, 즉 100나노미터 이하의 지극히 작은 크기를 말합니다. 따라서 나노과학기술은 1나노미터부터 100나노미터 크기의 물질이나 **소자**를 만드는 과학기술을 말합니다.

나노과학기술 하면 크게 2가지로 나누어 생각할 수 있습니다. 하나는 '탑 다운(top down)'이라고 해서 커다란 것을 아주 작게 만드는 것을 말합니다. 또 다른 하나는 그 반대 개념인 '바텀 업(bottom up)'으로 원자, 분자를 최소 단위로 사용하여 새로운 신소재나 소자를 만드는 기술을 말합니다.

이렇게 나노 크기로 신소재나 소자를 만드는 것이 왜 그렇게 중요할까요? 물질은 그 크기가 나노 크기로 작아지면 원래 물질과는 다른 새로운 특성을 나타내는데 이것을 잘 이용하면 이제까지 볼 수 없었던 새로운 성능의 신소재를 만들어 낼 수 있기 때문입니다.

> **소자**
>
> 장치나 전자 회로의 구성 요소가 되는 부품으로 독립된 고유의 기능을 가지고 있는 것. 진공관 트랜지스터, 저항 코일 등이 있다.

탑 다운 기술

　말 그대로 탑 다운 기술은 나노과학기술을 이용해 큰 것을 작게 만드는 것을 말합니다. 1950년대 컴퓨터가 처음 나왔을 때는 그 크기가 큰 교실에 꽉 찰 정도였는데 지금은 핸드백 안에 쏙 들어갈 만큼 작아진 것이 탑 다운의 예라고 할 수 있습니다. 1969년 닐 암스트롱이 아폴로 11호 우주선을 타고 달에 갔을 때 쓰던 컴퓨터가 지금 초등학생들이 쓰는 전자계산기보다도 연산 속도가 떨어졌다면 믿겠어요?

　이처럼 탑 다운은 큰 돌을 나노 크기의 벽돌로 만들어 집을 짓듯이 원하는 소자를 자유자재로 만드는 기술을 말합니다. 물론 크기는 작아졌지만 그 성능은 엄청나게 향상된 것이 특징이지요.

세상에서 가장 작은 국기

　태극기가 바람에 펄럭입니다. 학교 운동장에도, 시청 앞 광장에도 하늘 높이 펄럭이는 태극기는 우리가 자랑스러운 한국인임을 깨닫게 해 줍니다. 여기서 생기는 호기심 하나! 우리나라의 태극기를 나노 크기로 만들어 게양할 수 있을까요? 물론 나노과학기술을 이용하면 가능합니다. 나노가 난쟁이를 뜻하는 그리스어 나노스에서 유래했다는 거 기억하죠? 이 정도면 난쟁이 중에서도 눈에 보이지 않는 난쟁이겠지요?

앞서 설명해 드렸다시피 1나노미터는 대략 원자 4~5개가 배열된 크기로, 이 크기는 사람 머리카락 굵기의 10만 분의 1에 해당할 정도로 아주 미세합니다. 지금부터 이 정도로 작은 태극기를, 전자현미경으로나 겨우 볼 수 있는 세상에서 가장 작은 태극기를 지금부터 만들어 보겠습니다. 태극 문양을 가운데 두고 검은색의 건곤감리 4괘가 있는 진짜 태극기를 말이죠.

그럼 세상에서 가장 작은 태극기를 만드는 데 필요한 재료를 알아보겠습니다. 우선 태극기의 바탕이 되는 실리콘 기판이 필요합니다. 우리는 세상에서 가장 작은 나노태극기를 만들어야 하기 때문에 수백 나노미터 두께의 아주 얇은 실리콘이 필요합니다. 또 눈에 보이지 않는 아주 작은 크기의 물체를 조작해야 하기 때문에 전자현미경도 필요합니다.

먼저 해야 할 일은 준비된 실리콘 기판에 문양을 새겨 넣는 일입니다. 그러기 위해서는 FIB(focused ion beam, 집속 이온 빔)라는 장비가 필요합니다. 이 특수한 이온 빔은 여러분이 미술 시간에 사용하는 조각칼이라고 생각하면 됩니다. 혹은 레이저 빔으로 철판에 글자나 무늬를 새기는 것과도 비슷한데 단지 글자 크기가 훨씬 더 작은 것이죠. 이온 빔으로 국기의 무늬를 새기고 파내는 작업은 워낙 섬세한 작업이어서 육안으로는 할 수가 없고 전자현미경으로 들여다보며 해야 하는데 건곤감리는 약 50나노미터의 크기로 새겨 넣습니다.

이렇게 문양이 새겨진 태극기를 이제 잘라 낼 차례입니다. 이때도 역시 이온 빔을 사용해 가로 5마이크로미터, 세로 3마이크로미터로 오려 냅니다. 완성될 실제 태극기의 크기는 적혈구 크기 정도로 작을 것입니다.

깃대 역시 같은 방식으로 이온 빔을 사용하여 15마이크로미터의 길이로 잘라 냅니다. 깃봉과 깃대도 먼저 모양을 만든 후 전체 테두리를 강도가 센 이온 빔으로 자르는데 이 과정은 강도가 센 레이저 빔으로 철판을 자르는 것과 같다고 생각하면 됩니다.

이젠 태극기를 깃대에 매달 차례인데요. 눈으로 볼 수 없을 정도로 작은데 손을 쓸 수는 없겠죠. 따라서 나노조작기를 사용해야 합니다. 나노조작기는 아주 작은 로봇 손으로 국기를 들어서 깃대에 붙이는 섬세한 작업을 해냅니다. 이제 들어 올린 국기를 깃대에 떨어지지 않도록 매다는 까다로운 작업이 남았습니다. 국기를 깃대에 고정시키는 작업은 풀로 종이를 붙이는 것처럼 전자현미경 안에서 백금이 포함된 가스를 분사하고, 이를 이온 빔으로 굳혀야 합니다. 이렇게 완성된 태극기는 3차원 입체구조물로 실제로 어디에든 게양이 가능합니다. 심지어 바람에 펄럭이기도 합니다.

그럼 세계에서 가장 작은 태극기를 게양해 보도록 하겠습니다. 우리는 나노태극기를 원자현미경의 탐침 끝에 달아 보겠습니다. 탐침은 원자현미경에 달린 미세한 바늘을 말합니다. 완성된 태극기를 수백 나노미터의 미세한 현미경 바늘 끝에 꽂기 위해서는 그보다 더 작은 구멍을 내어 국기를 꽂아야 하는 엄청난 정교함을 요합니다. 현미경 속 보이지 않는

나노조작기
(nano-manipulator)
미세한 물질을 가공할 때 사용하는 기구. 컨트롤러로 조종하여 정교한 작업을 할 수 있다

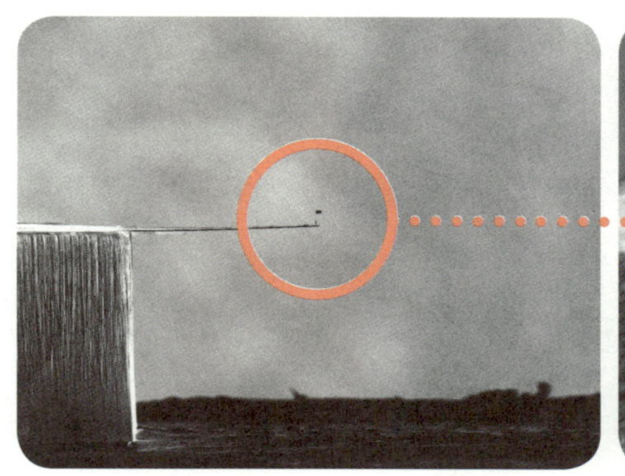

△ 2006년 텍사스 주립대학교 실험실에서 만든 세계 최소의 삼차원 태극기. 육안으로 보이지 않는 태극기가 원자 현미경 바늘 끝에 달려 있습니다.
© UTD(University of Texas at Dallas)

미시 세계 속에서 이루어지는 이 모든 작업은 정확하고 섬세한 조작 기술이 필요한데, 그러기 위해서는 오차가 거의 나지 않게 나노조작기를 다뤄야 합니다. 이 실험의 성공 여부는 얼마나 나노조작기를 섬세하게 잘 다룰 수 있느냐에 달려 있다고 해도 과언이 아닙니다. 나노조작기의 컨트롤러는 매우 섬세하게 다루어야 하는데 평소에 조이 스틱을 사용하여 게임을 많이 한 친구들에게는 매우 유리한 작업이 될 것입니다. 실제로 어떤 실험실에서는 이 훈련을 위해 연구원들에게 컴퓨터 게임을 장려하기도 한다니 참으로 재미있죠?

그런데 세상에서 가장 작은 태극기를 만드는 이 실험에서 태극기를 하필 원자현미경의 탐침에 꽂는 이유가 궁금하지 않습니까? 그 이유는 원자현미경에 전기 신호를 주면 탐침이 원하는 형태로 움직이고 그렇게 되면 바늘 끝에 달린 태극기를 흔들 수 있기 때문입니다. 예를 들어 파도 모양의 전압을 걸어 주면 태극기가 위 아래로 파도 모양으

△ 태극기와 같은 방식으로 만든 미국 국기. 미국의 국기는 50개의 별과 줄무늬가 있기 때문에 훨씬 더 작업이 까다롭습니다.
© UTD

로 흔들리게 되는 거지요. 태극기가 바람에 펄럭입니다. 학교 운동장에도, 시청 앞 광장에도, 그리고 현미경 속 미시 세계에서도 태극기가 펄럭입니다.

이런 나노국기의 제작과 조작기술은 고등학생도 조금만 노력하면 배울 수 있습니다. 섬세하고 고난도의 기술이 필요한 실험이긴 하지만 너무 어렵게 생각할 필요는 없어요. 다음에는 여러분이 직접 나노 크기로 여러 나라의 국기들을 만들어 현미경 속에서 UN 정상회담을 연출해 보는 것도 재미있을 겁니다.

그런데 이쯤에서 '이렇게 작은 국기를 만들어서 뭐하나?' 하는 의문이 드는 사람이 있다면 아주 훌륭한 독자라고 칭찬해 주고 싶네요. 탐구는 '왜?' 하는 작은 의문을 놓치지 않는 데서 시작되니까요.

이렇게 작은 국기를 만드는 데 필요한 탑 다운 기술은 가깝게는 자동차 조립에서부터 멀리는 미래 나노로봇 제작에 반드시 필요한 기초기술입니다. 눈에 보이지 않는 크기의 작은 부품을 만드는 기술과 섬세한 나노조작기술의 발달은 움직이는 나노로봇이 사람의 몸에 들어가서 암세포를 퇴치하는 영화 같은 미래를 현실로 가능하게 해 줄 것입니다.

집을 지을 때는 통나무를 자르고 큰 돌을 쪼개는 등 필요한 건축 자재들을 용도에 맞춰 작게 다듬어야 합니다. 하지만 바텀 업은 그 반대 개념입니다. 바텀 업은 큰 것에서 시작하는 것이 아니라 작은 원자와 분자를 이용해서 신소재나 새로운 소자를 만들어 내는 나노과학 기술입니다. 여러분이 어렸을 때 가지고 놀던 레고 블록을 생각해 보세요. 레고 블록을 이리 저리 옮기고 쌓아서 집도 만들고 배도 만들고 비행기도 만들었던 기억이 나시죠? 다시 말해 바텀 업 기술은 원자와 분자로 새로운 블록의 역할을 하는 신소재를 만들어서 이것을 가지고 원하는 소자를 만들어 내는 것입니다. 지금 전 세계 과학계에선 이런 방법으로 신소재를 개발하는 데 총력을 기울이고 있습니다. 그 이유는 바로 바텀 업 기술로 얻게 될 신소재는 인류에게 혁신적인 미래를 가져다 줄 꿈의 소재가 될 것으로 기대되기 때문입니다.

바텀 업 기술을 이해하기 위해서는 우선 원자와 분자의 개념을 잘 알아야 합니다. 원자는 모든 물질의 최소 구성 단위입니다. 원자와 원자가 만나 분자를 구성하는데 어떤 분자는 같은 종류의 원자로 구성되어 있고 또 어떤 분자는 다른 종류의 원자들로 이루어져 있습니다. 원자를 포도알이라고 한다면 분자는 포도송이라고 말할 수 있겠네요. 원자는 물, 공기, 나무 그리고 사람에 이르기까지 모든 물질을 구성하는 최소 단위이며 사람은 셀 수 없이 무수히 많은 원자로 구성되어 있습니다.

물질은 그 구성 원자와 분자들의 배열 상태에 따라 다른 성질을 나타냅니다. 예를 들어 연필심과 다이아몬드는 모두 탄소 원자로 구성되어 있지만 두 물질의 원자 배열은 매우 다릅니다.

단지 원자가 어떻게 배열됐는지에 따라 하나는 연필심이 되고 다른 하나는 다이아몬드가 된다니 놀랍지 않으세요? 아무튼 이처럼 원자의 배열 구조에 따라 물질은 서로 다른 모양과 성질을 나타냅니다. 그래서 이론적으로만 보자면 원자와 분자를 재배열할 수 있는 기술과 그것을 아주 정교하게 다룰 수 있는 기구가 있다면, 연필심의 원자를 재배열하여 다이아몬드를 만드는 생각을 해 볼 수도 있습니다.

나노과학기술 중 바텀 업 기술은 원자와 분자를 사람이 원하는 대로 재배열하여 새로운 소재와 구조물을 만들고자 하는 기술입니다. 앞으로는 이 바텀 업 기술로 자연 상태에는 존재하지 않는 신소재를 만들고 이 신소재로 지금까지 없었던 놀라운 기능을 가진 소자를 만

들 수 있을 것으로 기대하고 있
습니다.

쉽게 말하자면 기존에 없
던 새로운 슈퍼 레고 블록을
만들어서 이것을 가지고 지금
까지 생각하지도 못했던 미래
의 구조물을 짓는다는 말이지

△ 물 분자의 모습. 물 분자는 산소 원자 하나에 수소 원자 두 개가 결합되어 있습니다.

요. 현재 바텀 업 기술로 만든 신소재의 대표적인 예는 탄소나노튜브(carbon nanotube)입니다. 이제부터 이것에 대해서 자세히 알아보겠습니다.

새로운 슈퍼 레고 블록, 탄소나노튜브

탄소나노튜브는 기존에 있는 자연 상태의 물질이 아니라 사람이 인위적으로 만든 신소재입니다. 탄소 원자 6개가 모여 육각형이 되고 여러 개의 육각형들이 모여 얇은 벌집 모양의 면을 형성하는데, 이것을 그래핀(graphene)이라고 합니다. 이 얇은 그래핀을 말아서 빨대 모양을 만든 것이 바로 탄소나노튜브입니다.

그런데 한번 생각해 보세요. 말이 쉽지 눈에 보이지도 않는 원자를 재배열하고, 또 이것으로 튜브를 만든다는 것이 얼마나 힘이 들겠어요? 그럼에도 불구하고 현재 많은 나라에서 탄소나노튜브에 주목하

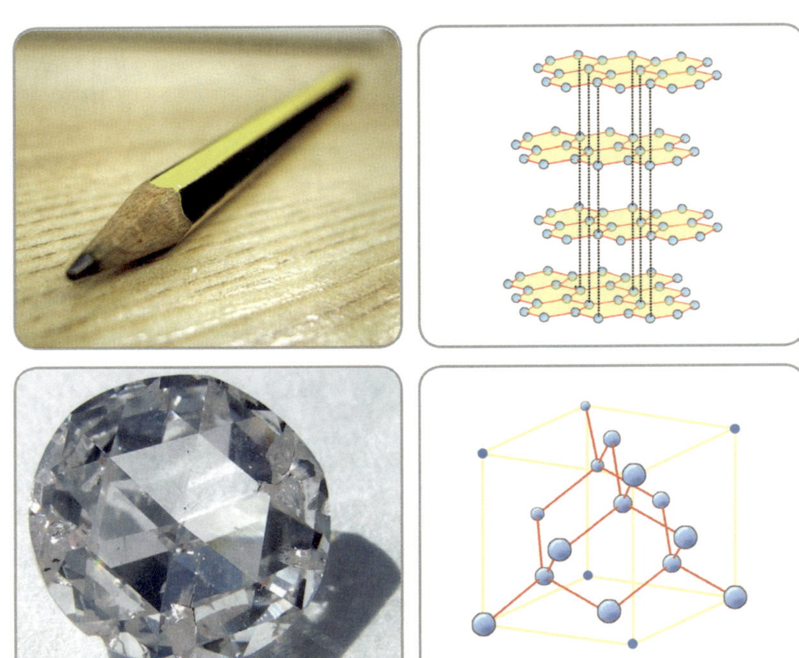

△ 연필심과 다이아몬드의 탄소의 원자 배열 상태.
© orangeacid(연필심 사진), © jurvetson(다이아몬드 사진)

며 연구를 하는 이유는 탄소나노튜브가 철보다 수백 배 강하지만 무게는 거의 없다는 놀라운 특성을 가지고 있기 때문입니다. 이러한 신소재라면 실처럼 가느다란 밧줄을 만들어 자동차나 엘리베이터를 끌어당길 수도 있고, 아주 얇고 가볍지만 찢어지지 않는 특수한 옷도 만들 수 있답니다. 영화에서 스파이더맨이 입은 얇은 옷은 가볍고 활동적인 데다가 악당들의 칼날 공격에도 끄떡없는 거 보셨죠? 탄소나노튜브를 잘만 개발하면 바로 그런 꿈의 소재가 될 수 있습니다.

탄소나노튜브는 가볍고 크기에 비해 놀랄 만큼 강하다는 점 말고

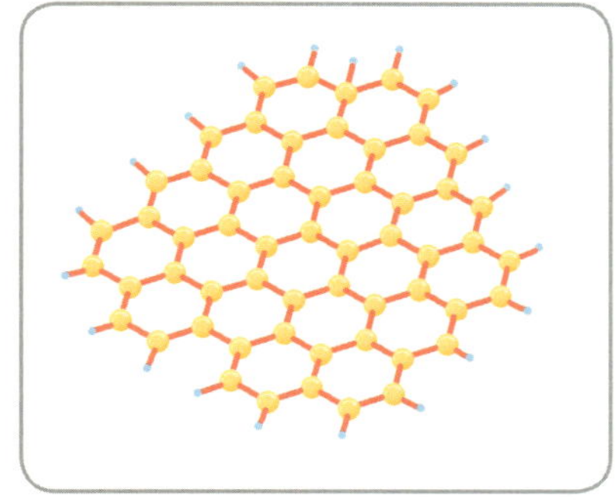

도 재미난 특성을 가지고 있는데 바로 전기가 통했다 안 통했다 하는 **반도체**의 성질을 가지고 있다는 것입니다. 과학자들은 바로 이 점 때문에 현재 한계에 부딪친 반도체의 대안 물질로 탄소나노뉴브를 주목하고 있습니다. 이것을 잘만 개발한다면 초스피드, 고밀도의 컴퓨터 칩을 생산해 낼 수 있기 때문입니다.

컴퓨터 칩을 만드는 반도체 기술은 가장 작은 스위치인 **트랜지스터**를 어디에 얼마만큼 올려붙일 수 있는가 하는 것이 관건입니다. 한마디로 조그만 영토에 누가 더 많은 스위치를 더욱 값싸게 만들어 올릴 수 있느냐의 싸움인 것입니다. 하지만 큰 것을 작게 만드는 탑 다운 기술로는 반도체의 크기를 줄이는 데 이제 한계에 도달했습니다.

그래서 원자를 조립해서 만든 신물질인 탄소나노튜브를 가지고 반도체를 만들려는 연구가 한창입니다. 탄소나노튜브로 컴퓨터 칩에 들어가는 트랜지스터를 만드는 데 성공만 한다면 지금의 것과는 비교도 되지 않을 정도로 작지만 초스피드의 고밀도 컴퓨터 칩이나 메모리

소자를 생산해 낼 수 있습니다. 따라서 이것을 성공하는 국가의 경쟁력은 상상할 수 없을 만큼 높아질 것입니다.

불과 50년 전만 해도 많은 사람들은 나노과학기술 자체를 믿지 않았습니다. 하지만 나노과학자들은 목수가 나무, 돌, 유리 등으로 집을 짓듯이 원자와 분자를 새롭게 디자인하여 나노 구조물을 지을 수 있다고 믿고 있습니다. 이 영화 같은 이야기가 이제는 현실화되어 가고 있으며, 많은 나라에서 나노과학기술을 미래 국가발전의 원동력으로 보고 노력과 투자를 아끼지 않고 있습니다. 그러기 위해 전 세계 수많은 과학자들은 탄소나노튜브 외에도 여러 종류의 신비한 신소재의 특성을 연구하고 있으며 그것들을 과연 어디에 어떻게 활용할 수 있을지 바로 지금도 실험 중이랍니다.

하지만 안타깝게도 아직까지 현재의 과학기술로는 탄소나노튜브라는 신물질을 활용하여 반도체나 새로운 장치를 생산하지 못하고 있습니다. 앞으로 진짜 바텀 업 기술이 발전하려면 더욱 많은 신물질을 개발해 내고 이것으로 원하는 많은 소자들을 자유자재로 만들 수 있어야 합니다. 물론 그것은 이 책을 읽는 여러분의 과제가 될 수도 있습니다.

너무나 작은, 그러나 너무나 엄청난 나노

지금까지 나노와 나노과학기술에 대해 간략하게 알아봤습니다. 나노를 알아 가는 것이 흥미진진하지 않나요? 이처럼 나노는 알면 알수록 신기한 친구입니다. 게다가 지금까지 알려진 것보다 엄청난 많은 일을 해낼 수 있는 친구랍니다. 나뿐만 아니라 지금 이 시간에도 세계 곳곳의 실험실에서 많은 과학자들이 나노에 대해 연구를 하고 있고, 아직은 불가능하다고 여겨지는 많은 나노과학기술을 현실로 만들기 위해 애쓰고 있답니다. 이 책의 다음 장에서부터 소개될 나노의 활약상은 멀지 않을 미래에 여러분이 경험하게 될 기분 좋은 현실입니다.

1977년 처음 개봉된 조지 루카스 감독의 〈스타워즈〉나 〈007 시리즈〉, 〈스타트랙〉 등의 영화를 다시 한번 보면 흥미로운 점이 있습니다. 공상과학영화 속 황당한 이야기라고 생각했던 것 중의 상당 부분은 우리의 현실로 성큼 다가와 있는 것을 발견하게 될 겁니다. 우리도 홀로그램을 이용한 회의까지는 아니더라도 전 세계 누구와도 실시간으로 화상 통화나 회의를 할 수 있게 되었고, 채취한 혈액 샘플을 스캔해서 보내 성분 검사를 의뢰하기에 이르렀으며, 간단한 로봇을 이용해 수술을 하기도 합니다. 또 통신, 이미지 전송, GPS 등 똑똑한 기능이 하나로 합쳐진 휴대전화는 007의 첩보전을 부럽지 않게 합니다.

이렇듯 인간의 상상과 필요에서 출발한 발칙한 공상이 현실이 되는 것은 굳이 영화 속에서만이 아닙니다. 그리고 그 상상력의 중심에 나노과학기술이 있습니다. 나노과학기술은 어느 한 분야에 걸친 기술이 아닙니다. 지금 당장은 정보통신(information technology) 분야에서 가장 많이 응용이 되고 있지만, 앞으로는 성냥개비보다 작은 수술 도구나 암을 치료하는 나노로봇 등의 개발을 통해 인간의 생명을 연장시키고자 하는 생명공학(biotechnology) 분야에 크게 기여할 것입니다. 또한 깨끗하고 편리한 환경을 만들기 위한 환경공학(environment technology) 분야, 안전한 우주여행을 가능하게 해 줄 우주항공(space technology) 분야, 스포츠문화산업(leisure technology) 분야 등 미래산업 전반과 과학기술 발전에 크게 기여할 것입니다.

그런데 가까운 미래에 여러분 세대 혹은 그다음 세대에 일어날 놀라운 변화, 그 기분 좋은 상상을 현실로 바꾸는 것은 이제 비단 과학자들뿐만 아니라 바로 여러분의 손에 달려 있다는 점을 기억하면서 이 책을 읽어 나가길 바랍니다. 또한 가히 혁명적이라고 불리는 나노과학기술이 앞으로 더욱 안전하고 건설적인 방향으로 개발될 수 있도록 관심을 기울이는 것 또한 다음 세상의 주인인 여러분의 몫입니다.

세균
덜 덜
세균
덜
바이러스
덜 덜
병균

PART 2
나노야, 병을 고쳐 줘

• 나노마스크 • 아프지 않은 주사기 • 나노로봇 • 표적지향형 약물전달시스템

나노마스크

최근 **조류독감**이나 신종플루(신종인플루엔자 A) 등 전 세계의 뉴스를 심심치 않게 장식하는 새로운 단어들이 등장했습니다. 이 반갑지 않은 이름의 질병들은 바이러스가 변이를 일으켜 나타난 새로운 바이러스로 전 인류를 바짝 긴장하게 만들고 있습니다. 특히 돼지에서 기원한 인플루엔자 A 바이러스가 변이를 일으켜 발생한 신종플루는 2009년 3월 미국에서 처음 검출된 이래 유럽, 아시아 등 전 세계적으로 많은 감염자들을 발생시켰고, 세계보건기구(WHO)에 의하면 약 1년간 신종플루로 인한 사망자 수가 1만 6,000여 명에 달한다고 합니다.

> **조류독감**
> 닭, 오리나 야생 조류 등이 걸리는 급성 바이러스 전염병. 종을 넘어 적응할 수 있고, 특히 사람이 감염될 수 있기 때문에 문제가 된다.

인플루엔차 바이러스는 감염된 환자의 호흡기로부터 기침, 재채기 등에 의해 방출된 바이러스 입자가 다른 사람의 호흡기를 통해 전파됩니다. 사정이 이렇다 보니 어쩌다 기침 한 번만 해도 주변 사람들로부터 혹시나 하는 의혹의 눈초리를 받기도 합니다. 또 공항이나 기차역, 극장 등 사람이 많이 모이는 곳에서는 마스크를 쓰고 다니는 사람들의 모습이 이제 낯설지 않습니다.

마스크를 쓰면 호흡기를 통한 질병의 감염 확률을 줄일 수 있지만 차단 효과가 완벽하지는 않다는 것이 문제입니다. 이에 미국에서 'N95'라는 이름의 미세 필터가 달린 마스크가 나와 한때 화제가 되었습니다. 그러나 이 마스크 역시 필터가 300~500나노미터의 구멍을 가지고 있어 박테리아의 침투를 막아 주기는 하지만 독감 바이러스를 완전히 막아 주기에는 역부족이었습니다. 공중에 떠다니는 문제의 독감 바이러스는 그 크기가 100나노미터 정도로 이 마스크 필터의 구멍보다 훨씬 작기 때문입니다. 대부분의 바이러스가 단독으로 움직이지 않고 뭉쳐서 확산되는 점을 감안한다면 이런 미세 필터가 달린 마스크가 효과가 아예 없는 것은 아니지만 그래도 완벽하게 안전하지는 않습니다. 더군다나 병원이나 공항 등 많은 사람들과의 접촉이 이루어지는 환경에서 일반 마스크를 착용할 경우 독감 바이러스에 감염될 위험은 매우 높습니다.

나노마스크

현재 미국에서는 기존 마스크의 문제를 크게 개선한 나노마스크 (nanomask)라는 이름의 새로운 마스크가 시판되고 있습니다. 마스크 제조사는 이 마스크는 조류독감에 특히 효과가 있다고 설명합니다. 보통 조류독감 바이러스는 약 100나노미터 정도의 크기인데 이 나노마스크는 27나노미터보다 큰 입자를 99퍼센트까지 걸러 낼 수 있다고 합니다.

나노마스크의 필터에는 바이러스보다 작은 구멍들이 나 있어 바이러스를 걸러 냅니다. 이런 마스크를 만들기 위해서는 기존의 섬유 조직 필터에 나노입자들을 붙여서 공기가 통하는 구멍을 더욱 작게 만드는 기술이 필요합니다. 한마디로 공기는 통하되 바이러스는 통과하지 못하는 아주 미세한 숨구멍이 나 있는 마스크인 것입니다.

바이러스는 종류마다 크기가 다양합니다. 조류독감 바이러스는 100나노미터 정도이고, 사스 바이러스는 100~120나노미터, 그리고 호흡기 감염을 일으키는 아데노 바이러스는 70~90나노미터로 매우 작습니다. 그렇기 때문에 마스크 필터의 구멍을 얼마나 작게 만들 수 있느냐에 따라 여러 종류의 바이러스를 걸러 내는 능력이 달라지게 되는 것입니다.

일반 마스크에 비해 나노마스크는 아주 작은 입자를 걸러 낼 수 있을 뿐만 아니라 습기를 잘 조절할 수 있어 위생적입니다. 또한 기존 마스크에 비해 오랜 시간을 사용해도 착용감이 좋고 숨쉬기가 쉬워 6~8시간까지 쓸 수 있으며 필터만 바꿔 주면 여러 번 재활용해 사용할 수 있습니다.

어쨌거나 마스크를 사용하면 호흡기 질환에 대한 감염 확률을 낮출 수 있음에도 불구하고 많은 사람들이 마스크를 쓰는 것을 좋아하지 않는 것이 사실입니다. 막상 마스크를 착용했다가도 영 불편해서 자꾸 벗어 버리게 되지요. 또 보기에도 그리 좋아 보이지 않아서 아무래도 길을 가다가 마스크를 쓰고 다니는 사람들을 보면 한 번 더 쳐다보게 됩니다. 그래서 필요한 것이 투명한 나노마스크가 아닐까요?

앞으로 나노과학기술이 좀 더 발전하게 되면 착용하는 사람도 불편하고 보는 사람도 부담스러운 마스크가 확 달라질 수 있습니다. 그것도 아예 안 보이게 말이지요. 이름하여 투명 나노마스크. 이런 투명 마스크가 발명된다면 답답한 착용감과 다른 사람의 시선을 의식하게 되는 문제점들이 동시에 해결될 수 있습니다.

투명 나노마스크는 마스크를 썼는지 안 썼는지조차 모를 정도가 될 것입니다. 보기에도 감쪽같고 무게도 가벼워 피부에 느껴지는 이물감도 사라질 것이며 각종 바이러스들을 걸러 내는 여과 기능은 더욱 향상될 것입니다.

이런 투명 나노마스크를 만들기 위해서는 우리가 앞에서 살펴본 바텀 업 기술이 필요합니다. 나노과학기술 가운데 원자의 배열을 달리해서 신소재를 만드는 바텀 업 기술 기억나시죠? 최근 과학계에서는 원자 하나 또는 원자 몇 개의 두께로 이루어진 원자 층 종이와 같은 구조에 대한 연구가 한창입니다. 투명 나노마스크를 만들기 위해서는 바로 이런 새로운 소재의 물질이 필요합니다.

나노미터 크기의 구멍들이 스펀지같이 나 있어서 바이러스는 완전히 걸러 내고 공기나 물 분자는 잘 통과시킬 수 있는 꿈의 소재 말이지요. 또 원자 크기로 그 두께가 아주 얇기 때문에 가시광선을 통과시켜 투명하게 보이는 신소재를 이용한다면 언젠가는 투명 나노마스크와 장갑 등을 만들 수 있을 것으로 보입니다.

그런 신소재의 후보로 지금 생각해 볼 수 있는 소재로는 탄소 원자가 육각형의 벌집 모양으로 면을 이룬 그래핀을 들 수 있습니다. 그래핀은 우리가 앞장에서 살펴본 탄소나노튜브를 종이처럼 얇게 펼쳐 놓은 모양입니다. 그래핀은 탄소나노튜브와 같이 질기고 우수한 강도를 가졌을 뿐 아니라 두께가 매우 얇아서 가시광선을 투과시켜 투명하게 보입니다. 또한 원자 층의 무게는 인간이 느낄 수 있는 무게보다 훨씬 가벼워서 그래핀으로 만든 마스크는 착용감이 거의 없을 것입니다. 그래서 많은 학자들은 그래핀의 이런 성질을 이용하여 투명 나노마스크와 장갑 등을 생산해 낼 수 있을 것이라 기대하며 연구를 하고 있습니다.

하지만 안타깝게도 우리가 투명 나노마스크를 사용하기까지는 조금 더 기다려야 할 것 같습니다. 현재의 나노과학기술로는 아직까지 마스크 한 개를 만들 만한 크기의 그래핀 시트(graphene sheet)를 생산하지 못합니다. 앞으로 이 그래핀이라는 새로운 소재를 더 연구하여 더 큰 크기의 그래핀 시트를 많이 생산해야 하는 과제가 남아 있습니다. 또한 이런 과학적 성과가 상품 개발로 이어지기 위해서는 신소재를 생산하는 데 있어서 경제성 또한 따라 주어야 합니다. 아무리 좋은 성능을 가진 꿈의 소재를 개발했다 하더라도 가격이 너무 비싸다면 제품 생산으로까지 이어질 수 없기 때문입니다.

아프지 않은 주사기

이 세상에 주사 맞기를 좋아하는 사람이 있을까요? 애나 어른이나 할 것 없이 병원에 가기 싫어하는 마음에는 주사바늘에 대한 아픈 기억, 혹은 막연한 공포 때문인 경우가 많을 겁니다. 특히 당뇨나 암 등의 질환으로 자주 주사를 맞아야 하는 환자들은 그 고통이 끔찍하게 싫을 텐데요. 구부러지거나 무뎌진 주사바늘은 통증이 더욱 심합니다.

주사를 맞으면 아픈 이유는 사람의 피부에는 통증을 느끼는 감각점인 통점이 있기 때문입니다. 주사바늘이 피부를 찌를 때 바로 이 통점을 자극하면 아픔을 느낍니다. 통점은 우리 몸의 비교적 바깥으로 드러나는 부위에 특히 조밀하게 흩어져 있습니다. 통점은 다른 감각점보다 그 수가 많아서 피부 표면 1제곱센티미터당 평균 100~200개 정도가 있고, 온몸에는 약 200만~400만 개의 통점이 있습니다. 그런데 주사를 맞을 때 특히 더 아픈 부위가 있습니다. 우리 몸의 손가락 끝, 얼굴 등 민감한 부분에는 통점의 밀도가 더욱 높기 때문에 이 부분에 주사를 맞을 때는 더욱 아프게 느껴지는 겁니다.

하지만 만약에 매우 가는 바늘을 만들어서 통점과 통점 사이에 주사바늘이 들어가게 한다면 어떨까요? 아마도 우리 몸은 통증을 전혀 느끼지 못하거나, 아주 약간밖에 느끼지 못할 것입니다. 또 주사를 맞고 나면 피가 나거나 피부조직이 손상되어 멍이 들기도 하고, 주사자국이 없어지는 데 며칠씩 걸리기도 합니다. 또한 주사를 맞은 후에 관

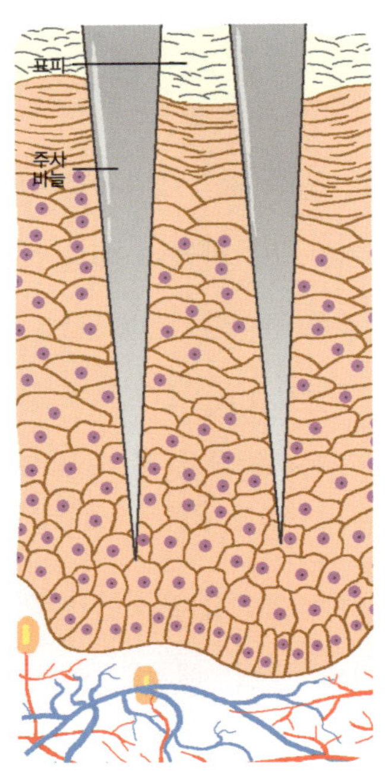

△ 마이크로 니들이 피부에 들어간 모습. 신경 부위까지 바늘이 미치지 않아 통증을 느끼지 않게 됩니다.

리를 잘못하면 감염의 문제도 있을 수 있습니다. 그런데 주사바늘이 아주 미세할 경우에는 통증이 덜할 뿐만 아니라 주사자국 또한 피부에 남지 않게 될 것입니다.

기존의 주사바늘이 가지고 있던 이런 모든 문제들을 해결할 수 있는 아프지 않은 주사기에 대한 연구가 지금 세계적으로 대학 연구 기관과 의료기 제조 회사에서 활발하게 이루어지고 있습니다. 아프지 않은 주사기는 큰 것을 작게 만드는 탑 다운 기술의 대표적인 예로 고도의 나노과학기술을 필요로 합니다.

현재 개발된 아프지 않은 주사기는 아주 작고 얇은 마이크로 크기의 바늘(마이크로 니들)들을 사용하는데 주사바늘이 피부를 뚫고 들어가도 통점까지는 미치지 않기 때문에 전혀 통증을 느낄 수 없습니다. 일반 주사바늘의 직경은 0.5~1밀리미터 정도인데 반해 마이크로 니들은 수십 마이크로미터로 매우 작습니다. 일반 주사기의 경우는 하나의 바늘로 약물을 투여하지만 아프지 않은 주사기는 수십 개의 바늘을 갖추고 있습니다. 이렇게 미세한 아주 여러 개의 바늘들을 부러지거나 휘지도 않게, 그러면서도 효과적으로 약물을 인체에 투여할 수 있도록 만드는 데는 아주 정교한 나노과학기술이 필요합니다.

주사바늘이 이처럼 가늘어지면 약물이 투여되는 길 또한 좁아져서 투여할 수 있는 약의 양이 줄어드는 문제점이 있습니다. 하지만 문제는 앞서 말한 대로 수십 개의 바늘을 동시에 사용함으

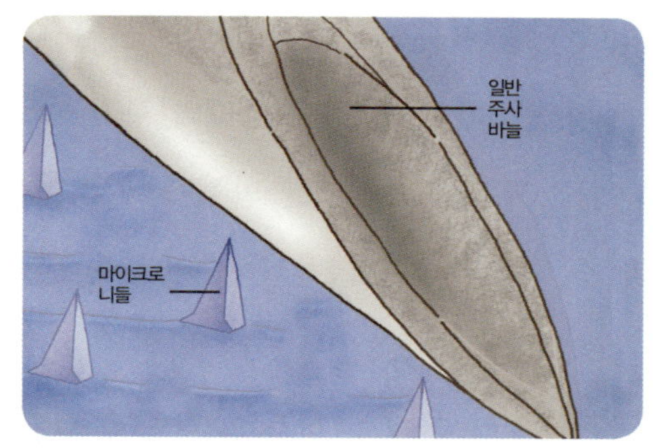

△ 기존의 주사바늘과 마이크로 니들의 크기 비교.

로써 해결이 가능합니다. 쉽게 생각해서 아래 부분에 미세한 마이크로 니들이 수십 개 배열된 반창고를 피부에 붙이기만 하면 통증 없이 주사약이 투여되는 것이랍니다.

아프지 않은 주사기를 만드는 방법

마이크로 니들로 약물을 주사하는 방법으로 현재까지 고안된 방법은 3가지 정도가 있습니다. 첫째, 수십 개의 마이크로 니들이 붙어 있는 패치를 피부에 붙여 피부에 미세한 구멍을 나게 한 후 그 위에 약물을 묻힌 패치를 덧붙이거나 연고나 크림 형태의 약물을 발라 이미 피부에 생긴 미세한 구멍들 사이로 약물이 스며들게 하는 것입니다.

둘째는 약물을 물에 쉽게 녹을 수 있는 형태로 만들어서 미세한 바늘들 위에 코팅하거나 혹은 아예 약물로 마이크로 니들을 만드는 방

법이 있습니다. 약물이 묻은 마이크로 니들이 피부를 파고들면 약물은 자연스레 모세혈관을 통해 인체 내부로 녹아 스며들어 갑니다.

아프지 않은 주사기를 만들기 위해 현재 연구되고 있는 세 번째 방법은 현재의 주사바늘처럼 속이 뚫린 마이크로 니들을 통해 직접 약물을 주입하는 것입니다. 이 방법은 아주 미세한 바늘 안에 약물이 통과할 구멍을 내야 하기 때문에 만들기가 매우 어렵고 고도의 나노 과학기술을 요구합니다. 하지만 가장 효율적인 방법이기 때문에 현재 많은 연구진들이 이런 주사기를 만들기 위해 노력하고 있습니다.

이런 마이크로 니들의 또 다른 장점은 이전의 주사바늘과 달리 환자의 상태나 필요에 따라 각기 다른 길이나 두께로 맞춤형 주사바늘을 만들 수 있다는 것입니다. 기존의 주사기는 스테인리스 스틸로 만들었으나 마이크로 니들을 만들 때 가장 많이 쓰이는 재료는 실리콘입니다.

사실 마이크로 니들은 너무 가늘어서 부러지기 쉽다는 문제점이 있었는데 요즘에는 이런 문제점들을 극복한 주사기들이 개발되고 있습니다. 피부조직의 손상을 최소한으로 줄일 수 있도록 바늘이 가늘고 날카로우면서도 부러지지 않는 유연한 소재, 또는 아예 몸에 흡수가 되거나 전혀 부작용이 없는 고분자 재료인 폴리머로 주사바늘을 만드는 연구가 진행되고 있습니다. 또한 약을 한꺼번에 투여하는 것이 아니라 약물이 투여되는 양과 시간을 제어할 수 있는 투여 장치까지도 함께 개발되고 있습니다.

  아프지 않은 주사기에 대한 연구는 상당히 큰 성과를 거두고 있습니다. 마이크로 니들에 플루 백신을 코팅한 패치는 이미 개발되어 임상 실험 단계에 들어갔습니다. 또한 1,000개의 마이크로 니들을 가지고 피부 속 120마이크로미터를 뚫고 들어가, 단백질처럼 분자가 큰 약물을 빠른 시간 안에 인체에 투여할 수 있는 주사기도 개발됐습니

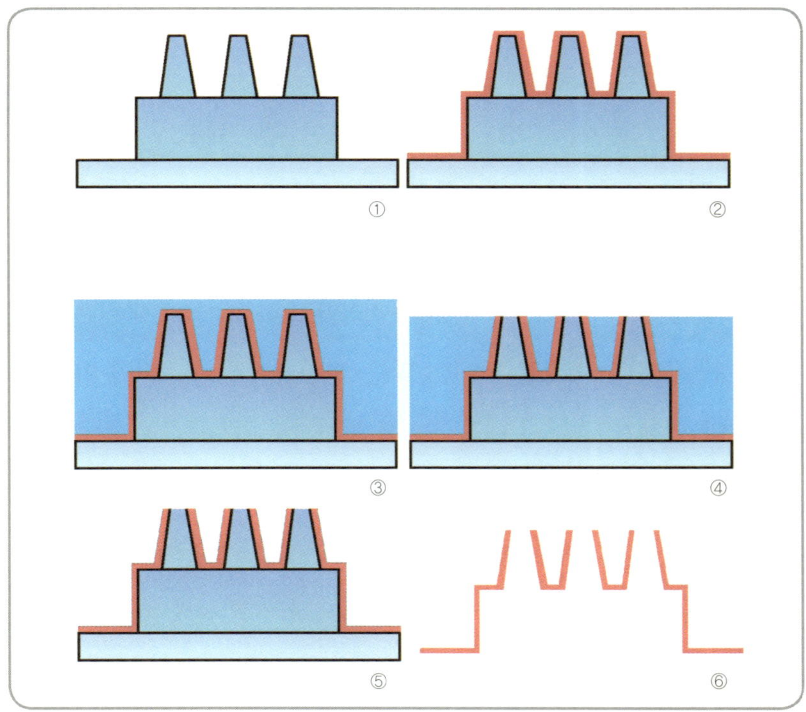

△ 속이 뚫린 마이크로 니들 제작 과정. ① 마이크로 니들의 형틀을 만듭니다. ② 그 위에 얇은 금속 층을 입합니다. ③ 마이크로 니들의 주위를 고분자 물질로 코팅합니다. ④ 마이크로 니들 끝 부분에 구멍이 생기도록 윗부분을 깎습니다. ⑤ 형틀 위에 코팅된 고분자 물질을 제거합니다. ⑥ 형틀 안에 채워진 물질을 제거하면 마이크로 니들이 완성됩니다.
ⓒ UTD

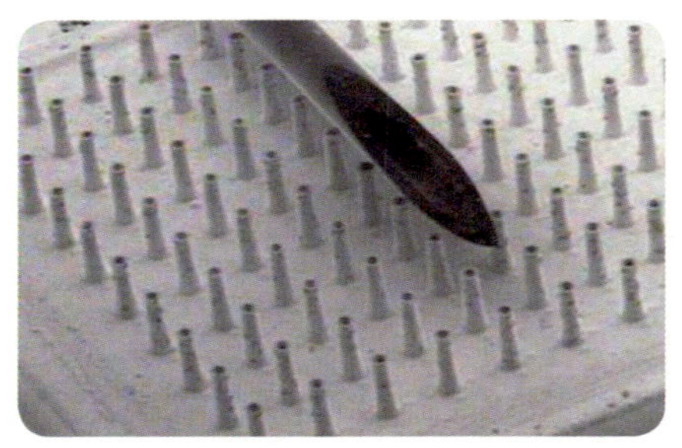

다. 또한 가까운 시일 내에 혈당량(혈액 속에 포함되어 있는 당의 양)을 체크하는 동시에 필요한 만큼의 **인슐린**을 공급해 주는 혁신적인 주사 장치가 상용화될 것이라고 주장하는 연구팀도 있습니다. 그동안 당뇨 환자들은 매일 피를 뽑아서 혈당량을 재고 인슐린을 주사해 왔는데, 앞으로는 혈당량을 진단함과 동시에 필요한 만큼의 인슐린을 공급해 주는 주사 장치를 꽂고 있으면 매번 아프게 주사바늘을 찌르지 않아도 인슐린을 필요할 때마다 자동으로 공급받을 수 있게 될 것입니다.

건강을 잃는 것은 모든 것을 잃는 것이라고 하죠? 아프지 않은 주사기의 개발은 힘든 치료를 받아야 하는 환자들에게 희소식이 아닐 수 없습니다. 언젠가 TV에서 매일 거대한 주사기로 주사를 맞느라 진저리를 치며 우는 소아암 어린이의 얼굴이 잊히지 않습니다. 혈관이 잘 보이지 않아 여러 번 주사바늘을 찔러야 하는 경우에는 고통을 참는 환자뿐 아니라 의료진에게도 고통스러운 일이 아닐 수 없습니다. 아프지 않은 주사기는 어린 환자나 오랜 시간 병원에 입원해 고통받고 있는 많은 환자들의 육체적·심리적 고통을 덜어주는 데 큰 도움

> **인슐린**
> 이자에서 분비되는 호르몬 단백질로 몸 안의 혈당량을 낮추는 작용을 한다. 인슐린의 분비량이 부족한 당뇨병 환자는 인위적으로 인슐린을 공급해 혈당량을 조절해야 한다.

을 줄 것으로 보입니다.

나노로봇

마이크로미터나 나노미터 크기의 아주 작은 로봇이나 기계를 만드는 기술을 나노로봇공학(nanorobotics)이라고 합니다. 나노로봇은 아직 가상적인 것으로 나노과학기술과 로봇공학이 합쳐질 미래의 모습입니다. 나노과학기술을 이용해 인간이 할 수 없는 아주 섬세한 임무를 수행하게 될 초소형 로봇을 만드는 것이 나노로봇공학의 최종 목표인데, 이 로봇들은 나노봇(nanobot), 나노이드(nanoid), 나나이트(nanite), 나노마이트(nanomite) 등의 이름으로 연구되고 있습니다.

나노로봇을 크기로 정의하자면 나노미터 크기의 로봇 또는 나노미터 크기의 부품으로 만들어진 마이크로미터 크기의 로봇이라고 할 수 있습니다. 더 넓은 의미로는 물체를 나노 크기로 아주 정밀하게 조작할 수 있도록 만든 장치까지도 여기에 포함시킬 수 있습니다. 그렇게 본다면 지금 쓰고 있는 나노조작기나 원자현미경도 나노로봇의 일종으로 볼 수도 있습니다.

앞 장에서 나노 크기의 태극기를 만들 때 사용했던 나노조작기 기억하시죠? 물체를 나노미터의 크기로 자르고, 붙이고, 원하는 곳으로 이동시켰던 나노조작기 말입니다. 또 원자현미경의 탐침은 미세한 바늘 모양으로 물질 표면의 원자 구조를 볼 수 있게 해 줄 뿐만 아니라 표면의 나노 크기의 물체를 원하는 곳으로 이동시킬 수 있으니 커다란 의미로 봤을 때 나노로봇의 범주에 들어갈 수 있습니다.

하지만 안타깝게도 제대로 된 나노로봇은 현재 완성품이 있는 것이 아니라 개발 중이라고 해야 옳습니다. 정말 로봇처럼 복합적인 기능을 할 수 있는 나노 크기의 로봇은 아직 먼 미래의 일이고, 작은 크기의 로봇에 이용되는 여러 가지 부품 등을 개발하는 단계이거나, 마이크로미터 크기의 단순한 동작을 하는 장치를 시현해 내는 수준입니다.

그 예로 최근 텍사스 라이스 대학교에서는 나노 크기의 자동차를 만드는 실험을 했습니다. 자동차 한 대의 크기는 4나노미터! 믿어지나요? 자동차에 달린 4개의 바퀴는 탄소 원자들의 결합체인 **버키볼**로 만들었고 워낙 작은 크기이다 보니 모터를 다는 대신 주변의 열을 이용해서 자동차를 움직이게 하는 실험을 선보였습니다. 이 실험의 의의는 나노미터 크기의 아주 작은 움직이는 장치를 실제로 만들 수 있다는 가능성을 보여 준 것입니다. 이 자동차는 나노자동차라고 불리지만 엄밀히 말한다면 실제 동력을 갖춰 자유자재로 움직일 수 있는 자동차를 만든 것은 아닙니다.

비슷한 예로 텍사스 주립대학교에서 만든 마이크로미터 크기의 자동차도 있습니다. 이곳에선 탑 다운 기술로 실리콘을 이용하여 실제 자동차처럼 아주 작은 자동차의 몸체와 바퀴 등을 만들었습니다. 이들은 바퀴를 나노조작기를 이용해 차체에 조립하였으며 조립된 미세 바퀴가 마찰 없이 잘 움직이도록 10나노미터의 두께로 바퀴와 바퀴

축 사이를 알루미나(산화알루미늄)로 코팅을 했습니다. 이 자동차는 앞면에 붙은 작은 크기의 자석을 동력으로 움직입니다.

나노자동차를 뜻하는 '나모 1(Namo 1)'이라는 이름의 이 자동차는 전장이 20마이크로미터, 폭이 10마이크로미터로 F1 경주용 자동차의 모양을 본떠 만들었습니다. 이 자동차는 너무나 작아서 육안으로 봤을 때는

작은 먼지처럼 보입니다. 실제 실험 중 연구원들이 숨이라도 크게 쉬라 치면 자동차가 날아가 버릴 정도로 아주 작은 크기여서 만드는 데 고도의 조립 기술과 섬세함이 요구됩니다. 이 미세한 자동차의 제작 과정은 모두 전자현미경 안에서 나노조작기로 이루어집니다.

이런 시도들은 자동차 모양의 장치를 나노 크기로 만드는 실험일 뿐이지 나노로봇의 범주로 볼 수는 없습니다. 하지만 이렇게 작은 자동차를 만들려는 실험은 나노로봇을 만들기 위해 꼭 필요한 과정입니다. 나노로봇이 탄생하기 위해서는 나노 크기의 부품들을 만들고 조립할 수 있는 기술이 선행되어야 하기 때문입니다. 또 여기에 우리가 원하는 다양한 임무를 수행하도록 하기 위해서는 제어기술, 탐지기술, 자체 동력원을 개발하는 기술 등 다른 많은 과학기술과 공학이 함께 발전해야 하는 것입니다.

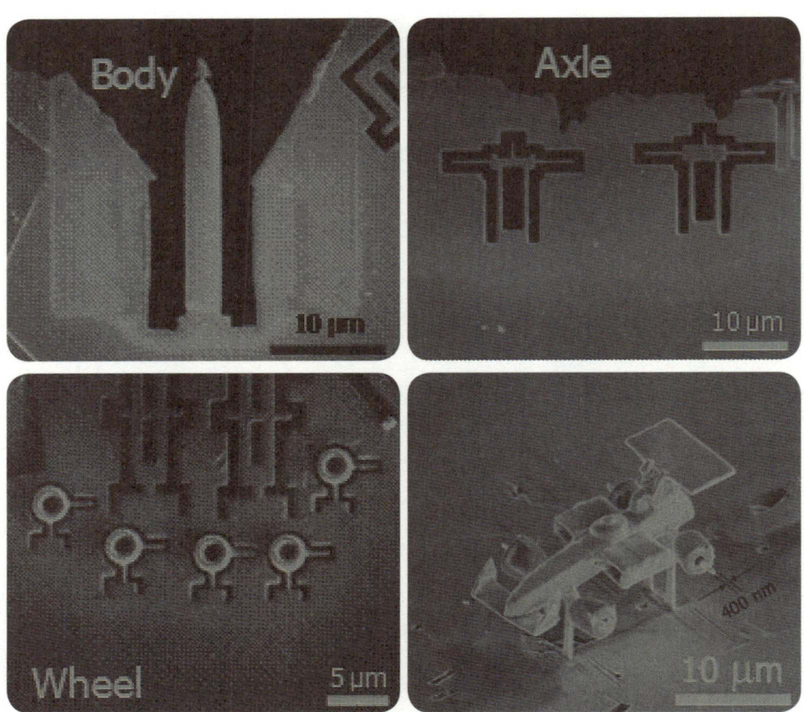

△ 텍사스 주립대학교에서 제작한 나노자동차의 모습. 차체, 바퀴 축, 바퀴를 조립해서 만들었습니다. 완성된 나노자동차는 전장 20마이크로미터, 폭 10마이크로미터, 바퀴 축의 직경은 400나노미터에 불과합니다
ⓒ UTD

의료용 나노로봇

미래에 나노로봇이 탄생하면 여러 곳에 유용하게 쓰일 수 있겠지만 그중 가장 기대되는 분야는 바로 의료 분야입니다. 의료용 로봇의 필요성은 그 어느 분야보다 높아서 병을 진단하는 로봇, 수술용 로봇, 일반 의료용 로봇, 몸속 구석구석을 자세히 관찰하는 로봇 등 그 역

할이 한두 개가 아닙니다. 이런 모든 역할을 성공적으로 수행하기 위해서는 나노로봇을 사람의 몸속에 집어넣어 세포 단위로 치료와 진단을 수행할 수 있어야 합니다. 물론 그 크기가 워낙 작기 때문에 한 번에 아주 많은 나노로봇들을 동시에 환자 몸에 투여해야 하며 이들은

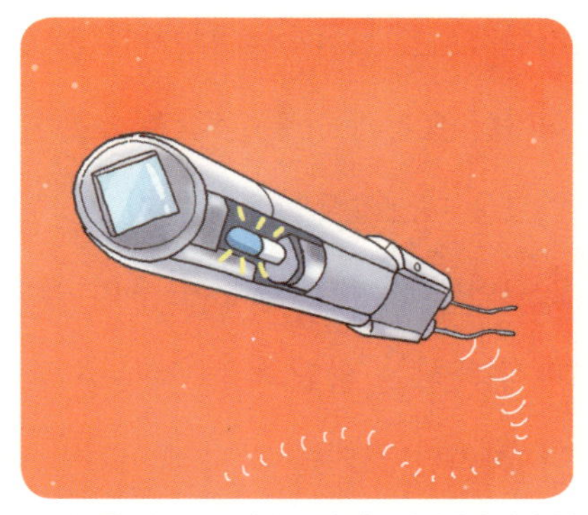

△ 의료용 나노로봇 상상도. 앞에는 카메라가 달려 있고 로봇 안에는 치료용 약물이 들어 있습니다. 뒤에는 동력원, 이동을 위한 꼬리 등이 있어 혈관 속에서 암세포를 찾아가 파괴할 수 있습니다.

인체 내에서 동일한 능력으로 임무를 수행할 수 있어야 합니다.

그렇기 때문에 의료용 나노로봇이 반드시 갖추어야 할 몇 가지 요소들이 있습니다. 첫째는 환자의 몸속에서 원하는 목표 지점을 찾아가는 탐지 기능과 내비게이션 기능을 갖춰야 합니다. 둘째, 나노로봇이 잠수함처럼 혈관을 따라 자유자재로 움직이고 맡은 바 임무를 수행할 수 있도록 하는 동력이 필요합니다. 셋째, 암세포 등의 목표에 도착한 후에는 주어진 임무를 정확히 수행할 수 있는 능력을 갖춰야 합니다. 넷째, 임무 수행 도중 환자 몸 밖의 의료진들과 적절하게 통신으로 정보를 교환할 수 있어야 합니다. 더 나아가 로봇이 의사를 대신해 환자의 상태를 파악해 스스로 치료 방법을 결정할 수 있는 지능이 갖춰진다면 금상첨화겠지요. 가령 환자의 상태에 따라 필요한 약물을 조절한다거나 암세포를 파괴하는 범위나 방법을 결정하는 의사의 역할을 하게 되는 것 말이지요. 끝으로 임무 수행 후에는 인체 내에서

자연적으로 흡수·분해되거나 몸 밖으로 안전하게 배출되어야 합니다. 이러한 요건과 능력을 갖춘 로봇이 바로 우리가 궁극적으로 목표하는 의료용 나노로봇인 것입니다.

그런데 많은 사람들이 우리 몸속의 적혈구만 한 나노로봇을 만들기 위해서는 막연히 큰 로봇을 작게 줄이기만 하면 된다고 생각합니다. 하지만 크기를 작게 줄이기만 하면 우리가 미처 생각지 못한 다른 문제점들이 생길 수 있습니다.

예를 들어 나노로봇에 필요한 동력을 생각할 때에도 그동안 많은 과학자들이 모터나 배터리를 탑 다운 기술로 줄이는 실험을 주로 해 왔습니다. 하지만 현재의 모터 기술은 나노 크기의 기계에서는 유용하지 못한 경우가 많습니다. 그래서 이 경우 모터를 작게 만들기보다는 오히려 자연으로 눈을 돌려 볼 필요가 있습니다. 가령 세포들이 어떤 원리로 움직이는지, 정자나 박테리아의 움직임은 또 어떠한지를 관찰하고 응용할 필요가 있습니다.

현재의 수술용 로봇

그렇다면 현재 의료 현장에서 사용하는 수술용 로봇은 과연 어떤 모습일지 궁금하지 않으세요? 물론 이것은 나노로봇과는 거리가 멀지만 오늘날의 의료용 로봇의 기술이 어느 정도인지를 살펴보는 것은 앞으로 의료용 나노로봇의 나아갈 방향을 보여 줍니다. 현재의 의료용 로봇과 기구들의 크기를 줄이고 발전시키다 보면 더욱 작고 효율적인 로봇을 만들 수 있을 것이고 그러다 보면 언젠가는 의료용 나노 로봇이 탄생하지 않겠습니까?

로봇을 이용해 수술을 할 때의 최고의 장점은 정확성입니다. 또한 수술을 위해 절개를 해야 하는 부위가 아주 작기 때문에 출혈과 통증이 줄어들어 그만큼 환자가 빠르게 회복한다는 장점이 있습니다. 또한 의사가 목이나 구강처럼 좁고 까다로운 부위를 수술할 경우 직접 손으로 수술을 할 때보다 좁은 공간에서도 더 많은 공간을 확보할 수 있다는 장점이 있습니다. 그 외에도 로봇을 조작하는 의사 외에 최소한의 인원만 필요하기 때문에 수술에 동원되는 인원을 대폭 줄일 수 있습니다. 또한 수술 시간이 단축되기 때문에 수술하는 의사의 피로도가 덜해 의료 사고의 확률도 줄어듭니다.

현재 세계적으로 사용되고 있는 의료용 로봇 가운데 가장 대표적인 것은 로봇수술장비인 다빈치 시스템(da Vinci surgical system)입니다. 다빈치 로봇은 크게 외과 의사용 조작기, 환자용 수술 로봇, 의사에게 환자의 수술 부위를 보여 주는 화상 시스템, 이렇게 세 부분으로 구성되어 있습니다. 다빈치 로봇은 미국 FDA의 승인을 받은 제품으로 전 세계 병원에 현재 1,400대 정도가 있다고 합니다. 그런데 이 로봇 한 대의 가격은 어느 정도 일까요? 우리나라 돈으로 무려 20억 원 정도됩니다. 그렇다 보니 아직 소수의 대학병원에만 보급되어 있는 실정입니다.

이 로봇에는 4개의 팔이 달려 있습니다. 이 중 3개는 자르거나 꿰

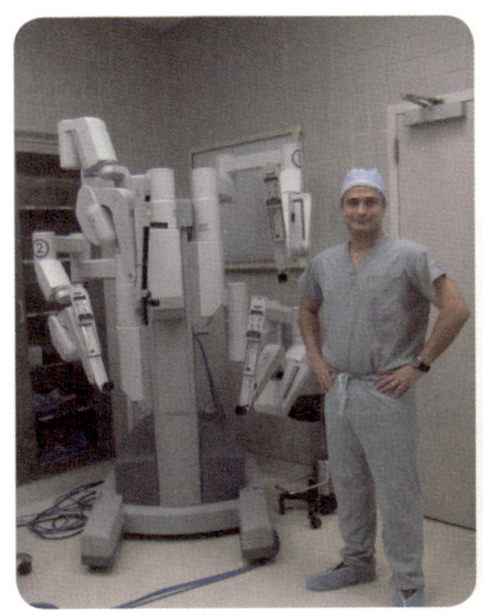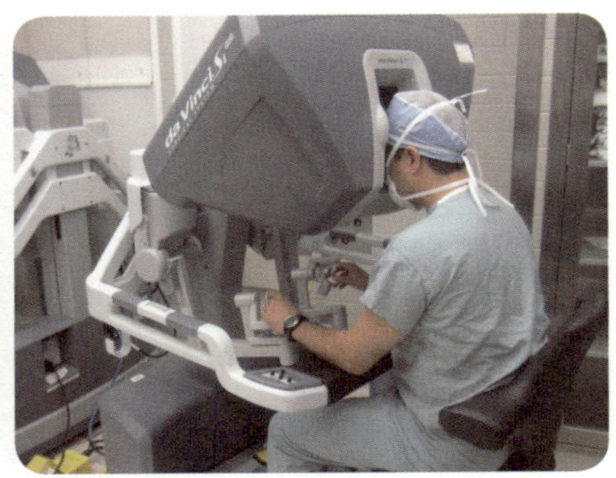

△ 4개의 만능 팔로 수술을 할 수 있는 다빈치 로봇. 오른쪽 사진처럼 화상 시스템과 조작기를 이용해 원격 수술이 가능합니다.
ⓒ UTSW(University of Texas Southwestern Medical School)

매는 등 수술을 집도하는 손의 역할을 하고 나머지 하나의 팔에는 환자의 몸속을 보여 주는 초소형 카메라가 달려 있습니다.

의사용 조작기에는 우리가 비디오 게임을 할 때 쓰는 조이 스틱처럼 생긴 조작기가 달려 있습니다. 그리고 그 앞에는 환자의 상태를 보여 주는 해상도 높은 화면이 있어 수술 부위를 보여 줍니다. 그러니까 의사가 환자의 몸을 직접 수술하는 것이 아니라 전면의 화면을 보면서 로봇 조작기의 작동 장치를 손으로 움직여 가며 수술을 하는 것입니다. 이렇게 하면 마취 의사와 수술 의사, 간호사 2명 정도의 최소 인원만으로 수술이 가능합니다.

보통 심장동맥 우회 수술은 전통적으로 가슴을 열어 수술하는데 이렇게 되면 보통 30센티미터 정도의 수술 자국이 남게 됩니다. 하지만 이 다빈치 로봇을 이용할 경우에는 약 1센티미터의 구멍을 3~4개 정도만 내면 된다고 합니다. 또한 의사가 오랜 시간 수술을 하다 보면 손이 떨리는 증상이 나타날 수 있는데 이 조작기에는 의사의 손 떨림이 로봇에 전달되지 않도록 막아 주는 장치가 있다고 합니다. 해서 의사는 더욱 섬세하고 정교하게 수술을 마칠 수 있습니다.

수술을 하는 의사가 환자의 몸에 손을 대지 않고 멀리 떨어져 수술을 하다니 세상이 정말 많이 변했지요? 과학이 이렇게 변하다 보니 의술도 변해야 하는 모양입니다. 좋은 외과 의사가 되기 위해서는 비디오 게임을 잘해야 하는 시대가 됐으니 말입니다. 이런 수술용 로봇을 다루기 위한 훈련을 할 때 비디오 게임을 하는 것이 도움이 된다고 합니다. 그래서 실제 의사들의 훈련 과정에 비디오 게임이 포함됐으며, 가상 현실에서 다양한 수술을 하는 훈련을 합니다.

앞으로 이런 수술용 로봇이 더욱 보급될 경우 외과 의사들이 비디오 게임기 같은 조종 장치들로 수술을 하는 것이 일반화되겠지요. 실제 비디오 게임을 하는 것과 수술 방법이 공통점이 매우 많아 의과대학생 가운데 비디오 게임 잘하는 학생들이 수술도 잘한다는 논문이 발표되기도 했습니다. 2007년에 발표된 한 연구 결과에 의하면 비디오 게임을 한 경험이 있는 사람이 그렇지 않은 사람보다 42퍼센트나 더 수술 능력이 뛰어나고 37퍼센트가 실수를 적게 한다고 합니다.

현재 로봇의 크기를 최대한 줄여 환자의 몸속에 로봇을 투여해 수술을 하려는 연구가 활발히 진행 중입니다. 그 가운데 텍사스 사우스웨스턴 의과 대학에서 개발하고 있는 수술 장비는 현재 병원에서 시행하고 있는 복강경 수술을 대폭 진화시킨 것입니다.

복강경 수술이란 배를 절개하지 않고 0.5~1.5센티미터 정도의 작은 구멍을 낸 뒤, 특수 카메라가 부착된 내시경인 복강경을 집어넣어 레이저나 특수 외과 전기술 등 특수 기구를 이용해 실시하는 수술을 말합니다. 칼로 복부 부위를 절개하던 기존의 개복 수술은 절개 부위가 크고 흉터와 출혈이 많으며 회복하는 데 시간이 오래 걸리는 단점을 가지고 있습니다. 복강경 수술은 개복 수술의 단점을 보완할 목적으로 개발되었고, 현재 개복 수술이 필요한 거의 모든 질환에 적용되고 있습니다.

복강경 수술을 하기 위해서는 몸에 3개 정도의 작은 구멍을 내야 합니다. 물론 이 방법도 수술 부위를 크게 절개하던 기존 수술 방법보다는 크게 발전한 것입니다만 현재 텍사스 사우스웨스턴 의과 대학에서는 몸에 아예 1센티미터의 절개도 하지 않고 수술을 할 수 있는 MAGS(magnetic anchoring and guidance system)를 개발하고 있습니다. 이것은 인체의 배꼽이나 항문, 여성의 경우는 질을 통하여 수술에 필요한 로봇의 팔을 넣고 외부에서 자기장을 이용해 몸 안의 장치를 조정하는 혁신적인 수술 방법입니다.

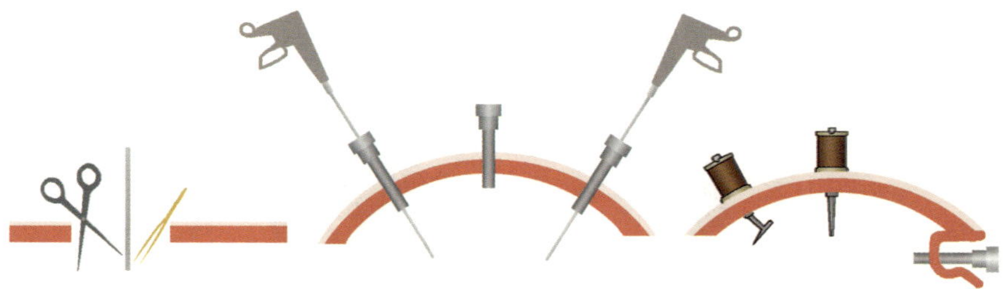

초등학교 과학 시간에 책받침 위에 철 가루를 뿌려 놓고 아래에서 자석으로 움직여 글씨를 쓴다거나 무늬를 만들었던 기억나죠? 이처럼 MAGS는 의사가 환자의 복부 위에서 자성을 이용한 장치로 인체에 투입한 로봇을 수술 부위에 고정시키고 수술할 수 있습니다.

수술 중 환자의 몸과 외부를 연결시키는 도구나 선이 일절 필요 없기 때문에 복강경 수술 시 내시경이나 수술 도구들을 넣을 수 있도록 3개의 구멍을 절개했던 것이 불필요하게 된 것입니다. 또한 내시경을 대신해 배꼽을 통해 수술 과정을 볼 수 있는 비디오 장치를 넣어, 의사는 환자의 복부 위에서 카메라를 조절하며 수술을 할 수 있습니다. 이는 미래 수술용 로봇으로 진화해 가는 중간 단계로 환자의 몸에 로봇의 일부, 즉 손과 눈을 투입했다는 것이 이 새로운 수술 방법이 갖는 의의입니다.

MAGS는 절개가 전혀 필요 없는 수술 방법이기 때문에 감염이 거의 없고 수술 자국도 전혀 없습니다. 절개 부위가 없으니 꿰맬 필요도 없어 성형적인 면에서도 좋고 환자의 회복도 그만큼 빠릅니다. 또한

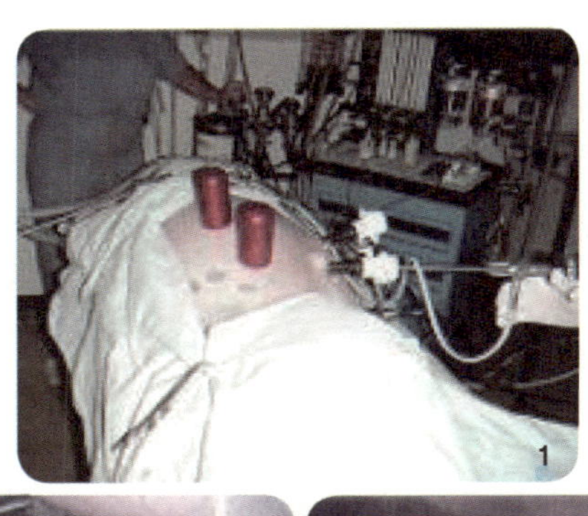

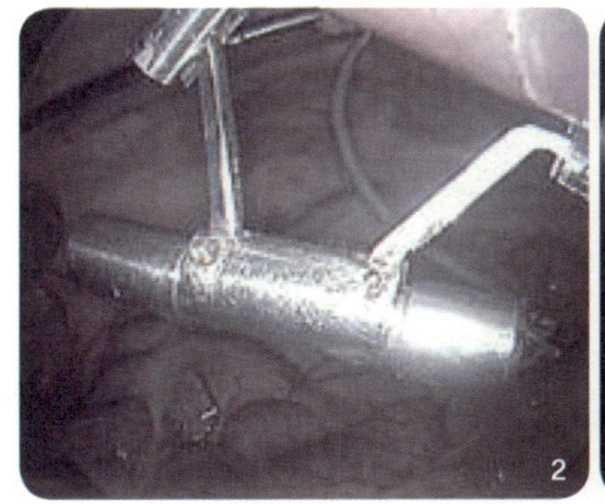

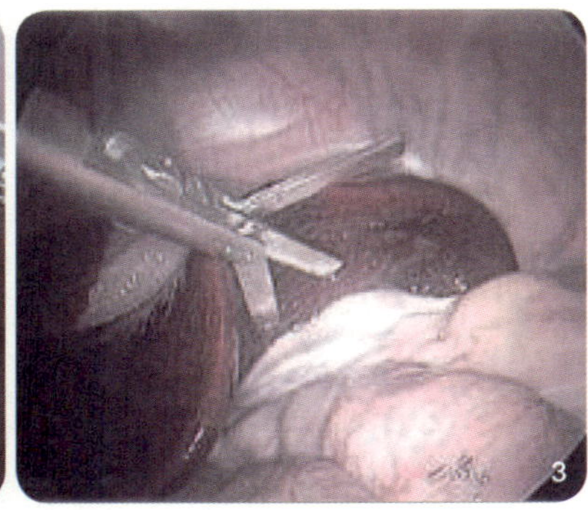

△ ① 돼지의 몸에 들어간 MAGS 로봇. 복부 위에 보이는 것은 자성을 이용한 콘트롤러. ② 돼지 몸 안에 들어간 카메라. ③ 가위와 핀셋이 달린 로봇 팔.
ⓒ UTSW

환자의 면역성이 떨어질 염려도 없으니 합병증이 일어날 확률이 현저히 줄어 면역력이 약한 환자나 노인들에게는 아주 좋은 수술 방법이 될 것입니다. 게다가 수술 시간과 회복 시간이 줄어 병원에 입원해서 수술을 할 필요가 없고 통원 치료가 가능하다는 장점이 있습니다. 복강경 수술을 할 때는 배에 가스를 넣어 수술 도구가 움직이는 공간을 확보하는데 수술 도중 이산화탄소(CO_2)가스가 새지 않도록 주의를 해야 했습니다. 하지만 MAGS는 수술을 할 때 절개 부위가 아예 없기 때문에 가스가 샐 가능성이 훨씬 줄어듭니다. 복강경 수술은 1년에 미국 내에서만 440만 번, 전 세계적으로 1,000만 번이나 시행된다고 합니다. MAGS가 완성되면 지금껏 해 왔던 복강경 수술을 완전히 대체할 수 있는 획기적인 수술 방법이 될 것입니다.

미래의 의료용 나노로봇

미래의 의료용 나노로봇들은 현재로서는 상상만 할 수 있습니다. 같은 의료용 나노로봇이라도 어떤 용도로 사용하는 로봇이냐에 따라 로봇의 디자인과 만드는 방법이 다르기 때문에 이것들을 미리 컴퓨터로 그려 보고 시뮬레이션을 하는 것은 매우 중요한 일입니다.

이 로봇들이 몸속의 파괴된 세포를 어떻게 고치는지, 어떻게 움직이는지, 어떤 동력을 사용하는지 등을 상상하고 이를 여러 가지로 구현해 보는 일은 매우 의미 있는 과정입니다. 과학자들은 컴퓨터로 충치 먹은 이를 제거할 때 새로운 개미 모양의 로봇을 적용해 시뮬레이션을 해 보기도 하고, 나노로봇이 체세포처럼 몸속에서 자기 복제를 하는 것을 상상해 보기도 합니다. 또한 부러진 뼈를 서로 이어지게 하거나, 잘려진 팔 부분의 세포가 살아나 팔을 되살아나게 하는 모든 가능성을 컴퓨터 그래픽으로 재현해 보기도 합니다. 콜레스테롤 때문에 좁아진 혈관을 나노로봇이 어떻게 뚫는지, 혹은 나노로봇이 송곳, 칼, 레이저 등 어떤 수술 도구를 갖춰야 할지를 일일이 재현해 보기도 합니다. 이는 단순히 컴퓨터 그래픽으로 디자인만 하는 것이 아니라 나노로봇이 실질적으로 어떤 식으로 일을 할 수 있는가를 가상으로 보여 주는 것으로, 기초 과학의 모든 원리를 적용해 시뮬레이션을 하는 것입니다. 가령 양자역학, 열역학, 유체역학, 나노전자공학, 나노기계학의 모든 기본 원리를 적용하여 컴퓨터 시뮬레이션을 하면서 나노로봇을 구성하는 간단한 부품들을 구상하기도 하고, 부품들을 조립해서 복잡한 로봇을 만드는 시스템, 나아가 로봇을 컨트롤하는 데 있어서 필요한 것들이 무엇인지 생각해 보기도 합니다.

이렇게 시각화된 상상들은 앞으로 로봇을 개발할 때 염두해야 할 문제점과 가능성을 동시에 발견할 수 있게 해 줍니다. 지금은 비록 이런 상상 속의 나노로봇들이 컴퓨터 게임이나 〈스타트랙〉, 〈지. 아이. 조〉 등의 영화 속에서나 등장하지만 이들이 실제 만들어지는 것은 시간문제라고 보는 이들이 많습니다.

미래 나노로봇이 가능하다고 주장하는 사람 중의 대표 주자로는 나노공학의 아버지 에릭 드렉슬러 박사가 있습니다. 메사추세츠 공과대학교의 공학 박사인 그는 원자와 분자를 조립하는 조립기가 완성되면 영국의 산업 혁명보다 더 큰 나노 혁명이 일어날 것이라고 예견했던 과학자입니다. 그는 국내 한 일간지와의 인터뷰에서 미래 나노과학기술의 혁명이 미국보다는 아시아 지역에서 나올 확률이 높다고 예견한 바 있습니다. 그리고 그것도 높은 교육 수준과 제조업이 강한 우리 한국을 첫 번째로 손꼽았습니다.

과연 나노로봇은 가능할까요? 나노공학계 안에서도 이에 대한 논쟁은 여전히 뜨겁습니다. 또 한편으로는 나노과학기술의 발전에 대해 우려하면서 이것이 잘못 사용될 경우 오히려 인류에게 위협이 될지 모른다고 걱정하는 사람도 나오고 있습니다. 하지만 우리는 흐르는 물을 거스를 수는 없는 법입니다. 비단 과학 기술뿐만 아니라 모든 것이 우리가 어떻게 사용하느냐에 따라 인류에게 도움이 될 수도 있고 또 해가 될 수도 있는 것입니다.

표적지향형 약물전달시스템

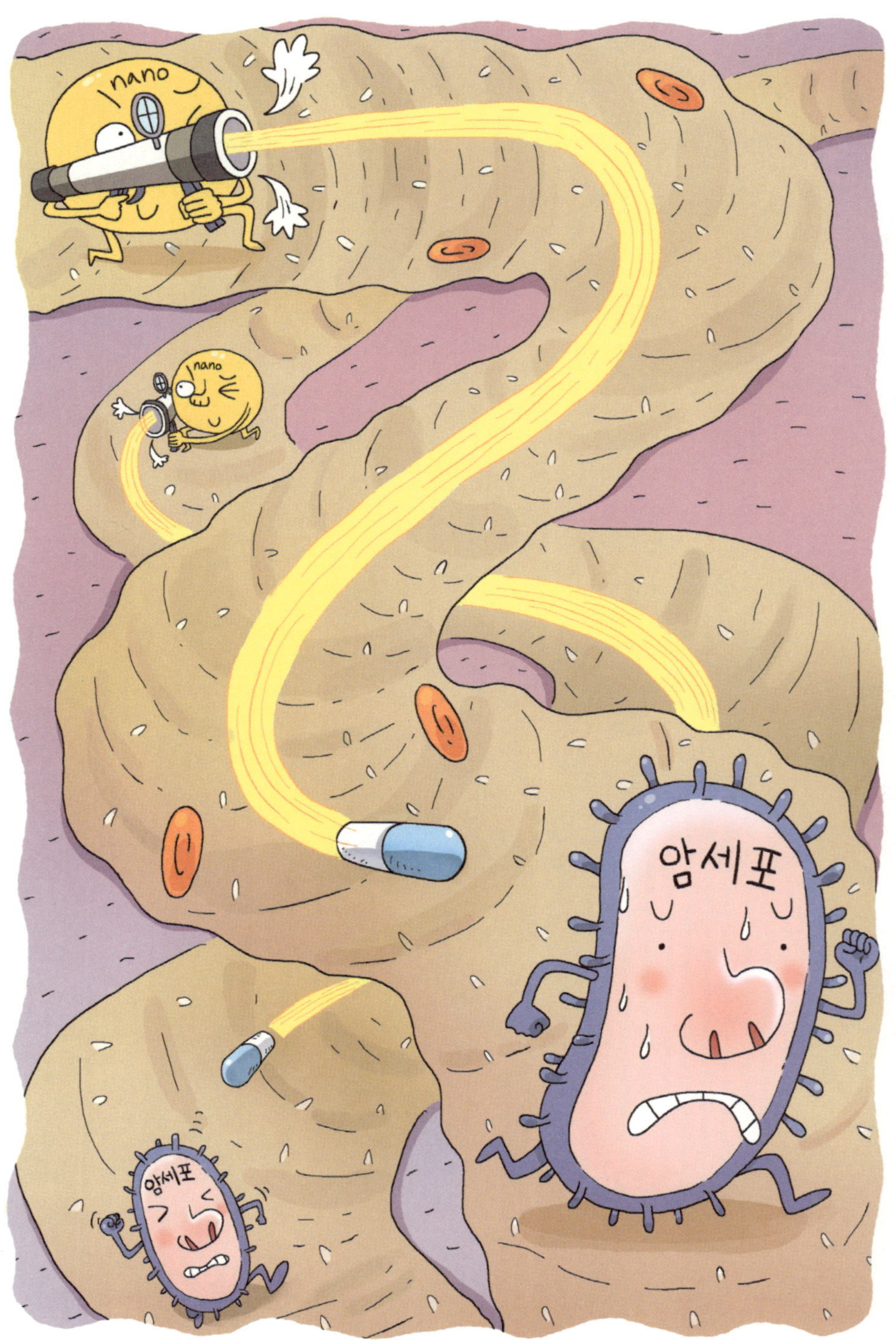

나노과학기술을 이용한 새로운 암 치료 방법으로 현재 표적지향형 약물전달시스템(targeted drug delivery system)이 개발되고 있습니다. 표적지향형 약물전달시스템이라…… 무슨 말인지 확 와 닿지 않는다고요? 한마디로 나노 크기의 약물을 환자 몸의 꼭 필요한 곳에만 전달하게 하는 것이라고 생각하면 됩니다. 아니면 그리스 로마 신화에 나오는 트로이 목마라고 생각해도 좋습니다. 10년간 이어지는 긴 전쟁을 끝내고자 트로이에 두고 온 그리스군의 목마는 병사들을 숨기고 있다가 트로이의 심장부를 맹렬히 공격한 비밀 병기였지요.

표적지향형 약물전달시스템은 기존의 약물 치료법과는 달리 필요한 부분에만 약을 보내고 다른 곳에는 약을 보내지 않아 약효를 최대한으로 발휘할 수 있습니다. 기존의 약 투입 방법은 입으로 먹거나, 혈관에 넣거나, 근육에 주사를 하는 방법이었는데 이럴 경우 약이 몸의 혈관을 따라서 퍼져 온몸에 영향을 줍니다. 따라서 많은 약을 투여하더라도 정작 필요한 곳에는 적은 양만 가게 되고, 동시에 필요 없는 곳에도 영향을 미쳐 부작용이 많았습니다.

표적지향형 약물전달시스템은 트로이의 심장부를 강타한 목마처럼 적은 양을 투여하지만 필요한 곳에는 충분한 효과를 발휘하고 그 외에 불필요한 부위에는 아주 미세한 영향을 주거나 아예 영향을 주지 않는 획기적인 방법입니다. 따라서 약물 투여 시 일반적으로 나타나는 부작용을 현저하게 줄일 수 있습니다. 표적지향형 약물전달 시스템은 현재 초기 연구 단계로 암 치료에 부분적으로 사용이 되고 있으며 앞으로 더 많은 연구를 통해 암 치료에 크게 기여할 것으로 보고 있습니다.

우리나라 전체 사망 원인 중 가장 큰 비중을 차지한다는 암은 우리 몸의 기본 단위인 세포에서 시작합니다. 우리 몸 안에 있는 정상 세포는 오래되거나 상처가 나면 자동적으로 죽거나 새로운 세포로 바뀌는데 암세포는 조직 내에서의 질서를 무시하고 돌연변이를 일으켜 조절이 되지 않는 것입니다. 이렇게 무제한 증식을 한 세포는 끝내 종양을 형성하고 혈관과 림프를 통해 몸의 다른 곳으로 퍼져 나가 다른 정상 조직이나 기관을 파괴합니다. 현재 암을 치료하기 위해 방사선 치료와 함께 많이 사용되는 **화학 요법**은 빨리 번식하는 모든 세포를 표적(target) 삼아 암세포를 죽이는 방법인데 문제는 암세포뿐만 아니라 세포 분열의 속도가 빠른, 건강한 정상 세포까지도 모두 죽인다는 것입니다. 그래서 머리카락이 빠진다든가 소화기 등에 심각한 부작용을 일으키는 것입니다.

하지만 현대 의학의 발전과 함께 우리가 암에 대해 좀 더 많은 것들을 알게 되면서 암의 특정한 부분을 표적 삼아 그곳만을 집중 공격하는 치료법이 가능하게 되었습니다. 이른바 표적지향형 약물전달시스템은 암세포가 자라고 퍼져 나가는 특수 요소들을 표적으로 설정해 선택적으로 없애도록 하는 첨단 치료법입니다. 따라서 이런 치료를 하면 정상 세포에 미치는 독성이 현저히 줄어들거나 아예 없어 부작용 걱정 없이 암세포만 효과적으로 파괴할 수 있습니다.

암세포를 파괴하는 나노

표적지향형 약물전달시스템의 첫 번째 단계는 암세포의 특정 분자를 표적으로 하는 신약을 개발하는 것입니다. 이 약은 암세포에만 있거나 정상 세포에도 있기는 하지만 암세포에 특히 더 많이 있는 분자를 찾아내도록 특수하게 프로그램된 약입니다. 나노입자로 된 약의 표면은 암세포에 존재하는 분자하고만 결합되도록 특수 화학 처리가 되어 있습니다. 그렇기 때문에 혈관 속에서 다니다가 암세포에만 결합하여 약효를 내도록 되어 있습니다. 이렇게 투여된 약물이 암세포를 죽이는 데에도 여러 가지 방법이 있습니다. 암세포를 뚫고 들어가 죽이는 방법, 인간의 면역체를 활성화시켜서 면역체로 하여금 암세포를 공격하게 하는 방법, 손상이 된 암세포가 스스로 죽게 하는 방법 등이 있습니다.

앞에서도 말했지만 표적지향형 약물전달시스템은 이제 막 개발 초기의 단계이고 일부 암의 치료에 활용되고 있습니다. 한 예로 유방암 전문가들은 암세포 표면에 있는 HER2라는 수용체가 다른 요소와 결합해서 암세포를 매우 빠르게 증식시킨다는 사실을 발견했습니다. 유방암세포의 20퍼센트 정도가 HER2를 보유하고 있으며 또 이

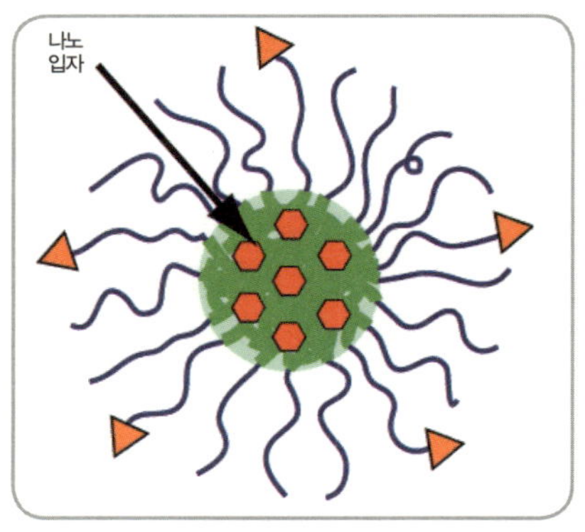

△ 암 치료를 위한 표적지향형 약물전달 캡슐. 암세포에 있는 분자하고만 결합하도록 표면이 특수 화학처리되어 있으며, 캡슐 안의 붉은색 나노입자는 MRI 촬영시 암세포를 구분할 수 있게 해 줍니다.
© Cancer Research

것을 보유한 세포들은 악성종양임을 알아냈습니다. 해서 암세포 표면에서 암세포를 자라게 하는 HER2를 표적으로 허셉틴(herceptin)이라는 신약을 개발했습니다. 허셉틴을 혈관으로 투여하면 이 약이 암세포를 자라게 하는 HER2와 결합하여 암세포가 증식되지 못하도록 방해합니다.

허셉틴은 임상 실험을 거쳐 FDA에서 승인을 받았고 현재 유방암 환자를 치료하는 데 쓰이고 있습니다. 유방암 환자 중에 이미 화학요법을 받은 환자에게 이 약을 투여할 경우 화학요법으로 미처 다 죽이지 못한 암세포를 표적으로 더 이상 암세포가 증식하고 퍼져 나가지 못하게 막아 줍니다. 또 허셉틴을 화학 요법과 병행할 경우에는 화학 요법만 받은 환자에 비해 오랫동안 재발 없이 생존하는 확률이 훨씬 높아졌습니다. 미국에서 유방암 환자 1만 명을 대상으로 조사한 결과 화학 요법과 병행하여 허셉틴을 투여 받은 환자들은 화학 요법만 쓴 환자들에 비해 재발율이 33퍼센트에서 52퍼센트나 줄었다고 합니다.

이외에도 암세포만을 표적으로 하는 신약 개발이 꾸준히 이루어지고 이를 이용한 임상 실험이 진행되고 있습니다. 조만간 FDA 승인을 앞두고 있는 신약들이 있어서 많은 환자들이 기대를 가지고 이를 기다

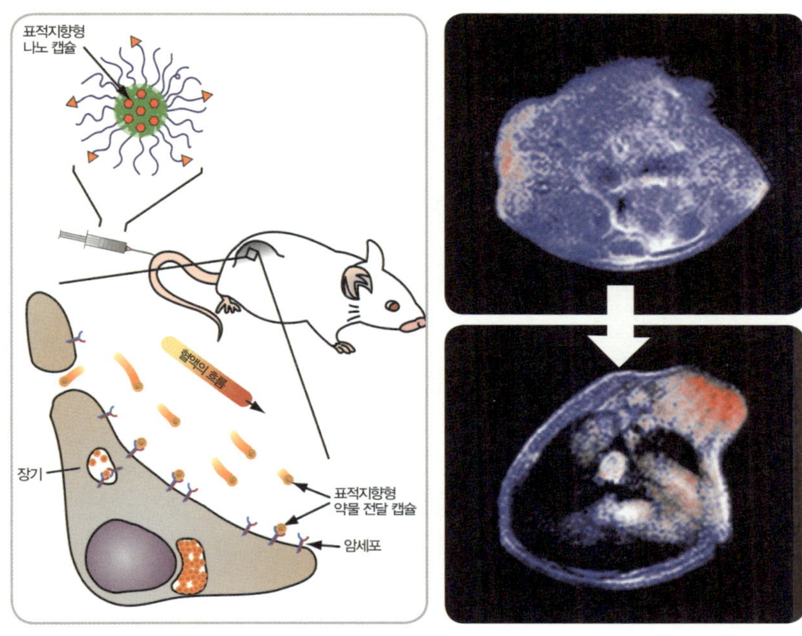

△ 암 치료를 위한 표적지향형 약물전달시스템 개요도. 왼쪽 그림과 같이 암세포에만 있는 분자하고만 결합하도록 특수 화학 처리된 나노 캡슐을 실험용 쥐에 투입하면 혈관을 따라가다가 장기에 있는 암세포와 결합합니다. 실험용 쥐의 장기에 있는 암세포를 MRI로 찍어 보면 오른쪽 그림과 같이 암세포 부분만 빨갛게 나타납니다.
ⓒ Cancer Research

리고 있습니다. 최근 미국에서 시행한 한 설문조사 결과를 보면 신약에 거는 환자들의 기대감도 높아서 암 진단 초기에 신약에 관한 정보를 알았다면 임상 실험에 참가 했을 것이라는 환자가 65퍼센트에 달했고, 조기 치료에 실패한 환자일 경우에는 85퍼센트에 이릅니다. 이는 새로운 암 치료 방법에 대한 정보의 공유가 필요함을 느끼게 합니다.

하지만 표적지향형 약물전달시스템을 이용하여 암을 완전 퇴치하기 위해서는 앞으로 우리가 암에 대해 더 많은 것들을 알아야 할 필요가 있습니다. 암에 대해 더 많이 알수록 더욱 정확하고 다양한 표적을 설정할 수 있어 그에 맞는 신약을 개발할 수 있기 때문입니다. 암세포만을 선택적으로 공격하기 위해서는 암세포가 왜 생기는지, 암세포가 어떤 경로를 통해 만들어지고 전이되는지 알아야 합니다. 또 다양한 암세포를 표적으로 식별하는 기술과 그 암세포만을 찾아가 죽이는 기술, 더 이상 암세포가 증식하거나 재발하는 것을 방지하는 기술 등이 개발되어야 합니다.

현재 전 세계의 많은 과학자들이 암세포나 암세포를 만들게 하는 분자를 규명하려고 노력하고 있고 지금까지 밝혀진 것들을 표적으로 하여 이에 반응하는 신약을 개발하고 있습니다. 암세포는 정상 세포에서 만들어진 것이기 때문에 정확한 표적을 설정하기 위해서는 암세포와 정상 세포가 다른 점을 찾아내야 합니다. 혹은 정상 세포보다 암세포에 더 많이 있는 분자를 찾아내는 것도 한 방편이 될 수 있습니다. 하지만 가장 좋은 방법은 암세포에만 있는 특별한 분자를 찾아내는 것입니다. 이렇게 찾아낸 특별한 분자를 연구하고, 그 분자하고만 결합하도록 특수 처리한 약물을 개발하는 것도 앞으로의 과제입니다. 하지만 이 과정이 말처럼 쉬운 것이 아닙니다. 우선은 암의 종류가 너무 많고 처음에는 특정 암에 효과가 있는 약도 계속 사용하다 보면 내성이 생기게 되기 때문입니다.

표적지향형 약물전달시스템의 미래

암 정복을 위하여 우리가 기대하는 표적지향형 약물전달시스템의 모습은 초기 암세포부터 말기 암세포까지 모든 암세포를 찾아내고 파괴하여 암의 재발을 원천 방지해 주는 것입니다. 이를 위해서 미래의 약물 전달 시스템은 다양한 기능을 동시에 수행할 수 있게 될 것입니다. 마치 트로이 목마 안에 다양한 임무를 수행하는 전투병을 투입해 트로이를 공격했던 것처럼 다양한 기능으로 무장한 신약은 인체 속에서 병을 치료할 것입니다. 1개의 나노캡슐 안에 암세포를 찾아가게 해 주는 입자, 암세포를 죽이는 입자, 암세포와 결합했다는 것을 외부 MRI를 통해 보여 주는 입자 등 다양한 기능을 가진 입자들을 함께 넣는 것입니다.

표적지향형 약물전달시스템의 성공 여부는 이 약이 목적지까지 얼마나 잘 배달이 되는지, 표적으로 하는 암세포만을 잘 공격할 수 있는지, 다른 정상적인 비슷한 세포에 공격을 하는 건 아닌지, 또 이런 모든 역할을 수행할 수 있는 나노 크기의 입자들을 한 캡슐 안에 얼마만큼 효과적으로 잘 넣을 수 있는지 등에 달려 있습니다.

불과 100년 전만 해도 40세였던 인간의 평균 수명이 2배 가까이 늘어난 데는 의학 발달의 공이 큽니다. 하지만 이를 뒷받침하고 있는 다른 산업 분야의 공헌도 큽니다. 특히 반도체

> **MRI(Magnetic Resonance Imaging)**
> 핵자기 공명 장치라고도 한다. 주로 MRI 장치에 인체를 넣고 촬영하여 이상이 있는지 검사하는 데 쓰인다.

와 IT 산업의 혁명은 의료 진단을 간편하게 해 줬을 뿐만 아니라 정확한 진단과 치료를 가능하게 함으로 인류의 건강 증진에 크게 기여했습니다. 나노과학기술의 발달과 함께 여러분의 무한한 상상력과 도전 정신이 합쳐진다면 암 정복은 물론이고 보다 더 많은 질병에서 인류를 자유롭게 해 줄 것이라고 믿습니다.

nano

nano

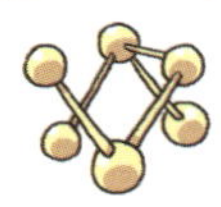

PART 3

나노야,
최첨단 기기를
만들어 줘

• 스마트 기기 • 만능통역기 • 전자코 • 원격의료

nano

스마트 기기

도서관의 혁명, 디지털도서관

나노과학기술의 아버지 리처드 파인먼은 1959년에 브리태니커백과사전에 담긴 모든 정보를 머리 핀 크기에 담을 수 있는 시대가 올 것이라고 예견한 바 있습니다. 현재의 기술로 얼마나 많은 책들을 조그만 USB 메모리에 담아서 가지고 다닐 수 있을지 한번 계산을 해 볼까요?

보통 한 쪽에 500자씩 300쪽으로 엮어진 책 한 권의 용량은 대략 10메가바이트 정도입니다. 그러니까 1기가바이트 용량의 USB 메모리에는 100권 정도의 책을 저장할 수 있는 셈입니다. 우리나라의 국립중앙도서관은 약 760만 권의 도서를 소장하고 있는데 이를 최신 128기가바이트 USB 메모리에 저장한다고 치면 약 600개의 USB 메모리에 국립중앙도서관의 책들을 다 넣어 가지고 다닐 수 있는 셈입니다. 전 세계 도서관 중 가장 많은 책과 문서들을 소장하고 있는 곳은 미국 워싱턴에 있는 국회도서관으로 약 1억 3,000만 권의 책이 있으며 책장의 길이만 800킬로미터 이상이라고 합니다. 이 경우에는 약 1만 개 정도의 USB 메모리에 미국 국회도서관의 책을 다 저장할 수 있다는 계산이 나오는데 이는 비행기에 가지고 타는 여행 가방에 모두 넣어 다닐 수 있는 양입니다. 물론 차세대 나노과학기술로 만든 더 큰 용량의 USB 메모리가 나오면 서류 가방 정도만 있어도 되겠지요.

이왕 계산을 시작한 김에 조금 더 해 볼까요? 지구에서 달까지의 거리는 38만 킬로미터 정도입니다. 보통 책 한 권의 길이가 25센티미터 정도이니까 약 15억 권의 책을 나란히 세워 놓으면 지구에서 달까지 연결할 수 있게 됩니다. 그러나 이렇게 많은 양의 책도 128기가바이트 USB 메모리 12만 개 정도에 다 담을 수 있는데 이 정도면 이민 가방 3개 정도만 있으면 다 담을 수 있답니다.

또 요즘처럼 인터넷이 발달된 시대에는 언제 어디서나 원하는 많은 정보를 쉽고 빠르게 찾을 수가 있습니다. 이미 책을 인터넷으로 찾아보게 하는 프로젝트가 전 세계적으로 펼쳐지고 있습니다. 2004년에 미국의 한 인터넷 회사에서 시작한 이 작업은 2009년 말까지 1,000만 권의 책을 스캔하여 인터넷 데이터 베이스에 저장해 놓았습니다. 처음에는 4개 대학교와 1개 도서관과 협력하여 문서를 데이터 베이스화하기 시작한 이래 지금은 수많은 도서관과 대학교가 참여하고 있다고 합니다.

우리나라에는 국립중앙도서관에서 운영하는 국가전자도서관이 있습니다. 유럽에서는 방대한 유럽의 역사를 전자 문서로 기록하는 프로젝트를 유럽연합의 국가들이 협력하여 진행하고 있으며, 2010년까지 약 1,000만 권의 자료를 스캔하여 데이터 베이스화할 것이라고 합니다. 프랑스에서도 프랑스국립도서관을 중심으로 디지털도서관 프로젝트를 진행하고 있으며 앞으로 많은 국가에서 각자의 언어와 특색에 맞는 디지털도서관 사업을 벌일 것으로 보입니다.

이렇게 세계 여러 나라에서 앞다투어 책을 디지털화하는 이유는 검색이 용이하다는 점 외에도 화재나 자연 재해 같은 재난으로부터 귀중한 자료를 지킬 수 있다는 장점이 있기 때문입니다. 유명한 고대

알렉산드리아 도서관은 네 차례의 화재와 전쟁으로 인하여 많은 도서들이 소멸되었습니다. 스탠퍼드 대학도서관은 1978년과 1998년에 홍수로 많은 책들이 손실되었기 때문에 디지털도서관 사업에 참여하게 되었다고 합니다. 미국 국회도서관도 1851년 화재로 인하여 도서의 3분의 2 이상이 손실되었습니다. 이러한 점을 생각하면 도서를 디지털로 보존하는 것은 매우 의미가 있습니다. 하지만 이 경우 저작권 침해의 우려가 나오고 있는 것도 사실입니다. 따라서 도서의 디지털화는 많은 출판 관련 회사, 저자들과의 대화를 통해 저작권 침해 없이 진행이 되어야 한다고 생각됩니다.

이렇게 많은 용량의 책이나 문서를 담는 메모리 장치나, 저장된 정보를 빠르게 찾아 주는 컴퓨터 칩의 핵심은 트랜지스터입니다. 반도체로 만드는 이 트랜지스터를 작게 만들수록 더 빠른 컴퓨터 칩이나 대용량 메모리를 만들 수 있습니다. 그러기 위해 많은 반도체 회사들은 그동안 탑 다운 방식을 이용하여 트랜지스터 크기를 점점 작게 만들어 왔습니다. 1947년에 처음 발명된 트랜지스터의 크기는 손가락만 했는데 지금은 수십 나노미터 크기로 작아졌습니다. 하지만 현재의 탑 다운 기술로는 더 작은 크기의 트랜지스터를 만드는 데 한계에 도달했으며 그래서 새로운 물질이나 기술을 이용해 반도체를 만들려는 나노 일렉트로닉스(nanoelectronics)가 연구되고 있습니다.

미래의 반도체를 만들기 위한 나노일렉트로닉스 연구는 지금 전 세계 수많은 대학과 연구기관에서 활발히 진행되고 있습니다. 그중 하나는 나노선이나 나노튜브를 이용해 트랜지스터를 만드는 연구로 이렇게 하면 더 작고 더 빠르게 전자 하나만을 이용해 작동하는 트랜지스터를 만들 수 있을 것입니다. 또 그럴 경우 지금 우리가 쓰고 있는 컴퓨터 칩을 작동할 때 생기는 열을 현저히 줄일 수도 있습니다. 현재 연구되고 있는 가장 유력한 미래의 반도체 재료로는 탄소나노튜브와 실리콘 나노선 등이 있습니다.

탄소나노튜브를 이용해 트랜지스터를 만들기 위해서는 탄소나노튜브 가운데서도 반도체 특성을 가진 싱글 월(single wall) 탄소나노튜브만을 골라 사용해야 합니다. 이렇게 탄소나노튜브라는 신소재를 이용한다면 아주 작고 빨리 작동하는 트랜지스터를 만들 수 있다는 가능성은 있지만 아직까지의 기술로는 반도체 특성을 가진 탄소나노튜브만을 골라 원하는 곳에 정확하고 균일하게 배열하는 기술적 문제가 남아 있습니다.

한편 실리콘 나노선을 이용하여 트랜지스터를 만드는 경우에는 탄소나노튜브에 비해서는 전류의 흐르는 속도는 조금 느리지만 비교적으로 쉽게 동일한 특성을 가진 나노선을 만들 수 있다는 장점이 있습니다. 게다가 실리콘 재료를 이용하기 때문에 기존 실리콘 반도체 생산 기반에 쉽게 접목할 수 있다는 장점도 있습니다. 그러나 이 경우에도 바텀 업 방식으로 만들어 낸 나노선을 원하는 곳에 정확히 일정하게 배열하는 기술이 가장 큰 과제로 남아 있습니다. 이렇게 바텀 업 기술로 만든 신소재인 탄소나노튜브나 실리콘 나노선을 이용해 반도체를 생산하는 것은 아직은 기술적으로 까마득합니다. 앞으로 더욱 많은 연구와 시간이 필요할 것으로 보입니다.

탑 다운 방식의 나노일렉트로닉스

막히면 돌아간다지요? 그래서 현재 바텀 업 방식 대신 나노선을 탑 다운 방식으로 만들려는 연구를 하고 있는데 한마디로 밀가루 반죽을 칼로 섬세히 잘라 내는 것처럼 얇은 실리콘 막을 전자 빔으로 잘라 내 나노선을 만드는 시도를 하고 있습니다. 이 경우에는 기존의 반도체 기술을 이용하는 것이기 때문에 나노선을 원하는 곳에 균일하게 배열할 수 있다는 장점이 있습니다.

탑 다운 방식으로 실리콘 나노선을 만드는 방법은 다음과 같습니다. 먼저 특수한 기판 접합기술(wafer bonding technology)로 300밀리미터의 반도체 기판 위에 10나노미터 정도의 아주 얇은 실리콘 막을 입힙니다. 그 후에 전자 빔 식각 기술(lithography, 전자 빔으로 물체를 깎거나 자르는 기술)로 아주 가는 나노선을 만드는 것입니다. 이와 같은 방법으로 실리콘 나노선 외에도 다른 물질의 나노선을 만들 수 있기 때문에 앞으로 여러 분야에 응용되리라 예상됩니다. 물론 이 방법도

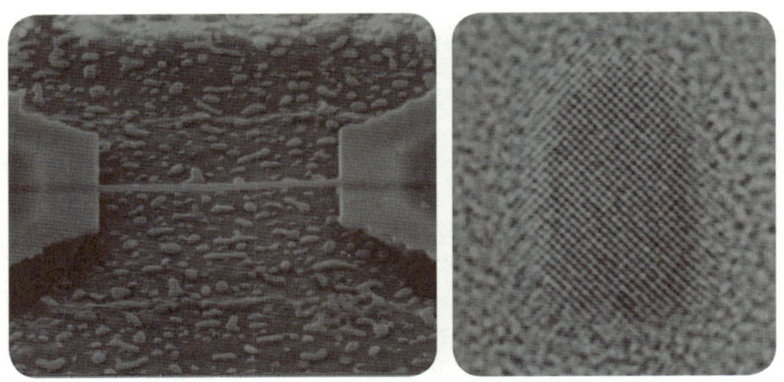

△ 실리콘 나노선을 전자현미경으로 찍은 모습과 고분해 전자현미경으로 본 실리콘 나노선의 단면도.
ⓒ UTD

300밀리미터나 되는 큰 기판 위에 전자 빔 식각 기술을 이용하여 수 나노미터에서 수십 나노미터 크기의 나노선을 만드는 데 너무 많은 시간이 걸린다는 단점이 있습니다. 하지만 실리콘 나노선을 만드는 기술은 미래반도체생산 방법 가운데 현재로서는 가장 가능성이 많은 기술로 대두되고 있으며 또한 이렇게 생산된 나노선을 이용하여 초감각 센서 등을 만들 수도 있기 때문에 유망한 분야로 기대되고 있습니다.

스마트폰의 원조는 영화 〈스타트렉〉?

공상과학영화 〈스타트렉〉을 보면 손에 들고 다니는 커뮤니케이터라는 통신기가 나옵니다. 영화에서 23세기 통신기는 우주에서 사용하는 휴대전화 같은 것이고, 24세기 통신기는 배지 모양으로 옷에 달고 다니면서 통신뿐 아니라 GPS 등의 다양한 기능을 합니다. 이것들은

모두 앞서 설명한 나노일렉트로닉스로 인해 탄생하게 될 미래 첨단장
비들입니다.

　그러나 이런 첨단통신기들이 영화에서만 가능할까요? 영화에서 나
온 미래 첨단장비 가운데 상당 부분은 이미 우리가 사용하고 있습니
다. 1908년에 무선전화기의 특허가 난 이후 스웨덴에서 자동차용 무
선전화기가 개발되기까지는 무려 50년이라는 세월이 걸렸습니다. 그
리고 손에 들고 다니는 휴대전화는 1973년이 되어서야 처음으로 개
발되었습니다. 이후 휴대전화는 빠르게 발전하였고, 2009년 말 전 세
계 휴대전화 사용자 수가 46억에 달한다고 하니 정말 놀랍습니다. 이
제 휴대전화는 단순히 통화를 하는 것 외에도 컴퓨터 같은 기능이
함께 결합된 스마트폰으로 발전되기에 이르렀습니다. 이제 휴대전화
로 처리할 수 없는 일이 거의 없을 정도로 많은 기능을 가진 커뮤니
케이터로 발전된 것이죠. 이런 다기능 대용량 스마트폰의 핵심 부품
은 전자 통신용 주문형 반도체(ASIC, application specific integrated
circuit)와 저장용 메모리입니다. 이런 ASIC 모듈과 메모리 모듈을
PoP(package on package)라는 특수 기술을 사용하여 조립함으로써
스마트폰의 크기를 줄일 수 있게 되었습니다. 물론 이외에도 디스플
레이나 배터리 등의 기술이 더해져 더욱더 놀라운 기능을 가진 휴대
전화가 탄생하고 있는 것입니다. 이제는 내일의 기술을 예측하기 힘들
정도로 상상이 현실로 실현되고 있습니다.

안 그래도 기능이 많은 휴대전화에 더욱 특수한 기능을 첨가한 장치를 만들려는 연구가 곳곳에서 진행 중입니다. 영화 〈스타트랙〉에서 24세기에나 나올 거라던 트라이코더와 같은 고성능 다기능 장치를 만드는 연구를 이미 하고 있다는 말이지요.

영화에 나오는 트라이코더는 사용자가 원하는 곳을 탐색하여 필요한 정보를 수집하고 저장하는 기능을 가지고 있는데 용도에 따라 탐사용, 의료용, 수리용이 있습니다. 영화 속에서 탐사용은 우주선에서 파견된 정찰팀이 주변 환경을 탐사하고 생명체를 찾을 때, 의료용은 환자의 몸 상태와 병의 여부를 진단하고 치료할 때, 수리용은 우주선을 진단하고 수리할 때 사용하는 기구입니다.

현재 미국항공우주국(NASA) 에임스 연구소에서는 탐사용 트라이코더와 같은 장치를 독가스 탐지를 위해 개발하고 있습니다. 16개의 나노화학센서를 이용하여 대기 중 아주 작은 양의 암모니아, 염소, 메탄가스 등을 탐지하는 장치로 크기는 작은 우표 정도에 불과하며 탐지한 데이터를 스마트폰으로 전송하도록 설계되었습니다. 최근에는 64개의 나노화학센서가 연결된 장치까지도 개발했다고 하는데 이렇게 스마트폰으로 전송된 데이터는 필요에 따라 다른 스마트폰이나 컴퓨터로 재전송할 수도 있습니다. 이런 기술을 잘 이용하면 아주 작고 저렴하면서도 뛰어난 화학가스탐지기를 간단히 스마트폰에 연결해 사용할 수 있습니다. 이에 최근에는 미국 국토방위청에서도 이 탐사용

장치의 연구 개발을 적극 지원하고 있다고 합니다.

뿐만 아니라 영화 속에서나 볼 수 있었던 의료용 다기능 장치가 나올 날도 멀지 않은 것 같습니다. 캘리포니아 주립대학교 전기공학과 연구팀은 스마트폰을 이용해 혈액 검사를 하는 루카스(LUCAS)라고 하는 장치를 개발했습니다. 이것은 채취한 혈액을 스마트폰 카메라를 이용해 분석하여 전송하는 장치입니다. 마이크로미터 크기의 수천 개의 세포나 박테리아 입자들의 이미지를 포착하고 스마트폰의 칩을 이용하여 이들 입자들의 숫자를 셉니다.

루카스는 이렇게 해서 얻은 결과를 컴퓨터로 전송하여 분석하도록 하는 장치로 놀랍게도 이를 이용하면 병원에 가지 않아도 스마트폰으로 핏속의 적혈구 숫자를 세어 빈혈 여부 등을 알 수 있다고 합니다. 또한 인체면역결핍바이러스 보균자의 경우 핏속에 있는 T-cell 숫자를 세어 병원에 가지 않고서도 에이즈(AIDS)가 발병했는지 여부를 알 수 있다고 합니다. 이들의 연구 결과에 따르면 세포는 종류마다 다른 모양을 하고 있어 90퍼센트의 정확도를 가지고 세포별로 숫자를 셀 수 있다고 합니다. 이 장치는 종래에 쓰던 광학현미경 같은 부피가 큰 검사 장비 대신 스마트폰에 달린 카메라를 이용하기 때문에 매우 간편하며 이동 의료 검사 용으로 쓸 수 있어 산간벽지나 에이즈 환자가 많은 아프리카 오지에서 유용하게 쓸 수 있으리라 기대하고 있습니다. 이 장치는 혈액 검사 뿐만 아니라 물속에 오염된 마이크로 입자를 구별할 수 있어 수질 검사용으로도 쓸 수 있다고 합니다. 이러한 장치는 미개발 지역뿐만 아니라 지진이나 홍수로 인해 식수가 부족한 곳에서도 유용하게 쓰일 수 있을 것입니다.

현재 이 연구팀은 핏속에 있는 세포나 입자들의 숫자가 너무 많을 경우 그 개수를 정확히 세지 못하는 문제점을 개선하고 있는 중이며 세포나 입자들의 독특한 모양까지도 인식할 수 있는 방법을 모색하고 있다고 합니다. 게다가 마이크로미터 크기의 세포뿐만 아니라 나노미터 크기의 박테리아까지도 인식하고 그 숫자를 셀 수 있도록 장치의 성능을 향상시키는 노력을 하고 있다고 합니다.

이 밖에도 치료용 다기능 장치도 개발 중에 있습니다. 워싱턴 주립 대학교 연구팀과 하버뷰 병원 의료팀은 고강도 초음파를 이용해 수술을 하지 않고 폐에 난 구멍을 봉하는 장치를 개발하는 데 성공했습니다. 아직은 돼지를 상대로 실험을 한 것이지만 상처가 난 부위의 95퍼센트 이상이 1~2분 만에 아무는 결과가 나왔다고 합니다. 이때 쓰는 초음파는 일반 초음파 검사 때 쓰는 것보다 수천 배 이상 강한 것으로 통증을 마비시키거나 암세포를 죽이는 데도 효과적입니다. 마치 돋보기를 이용해 햇빛을 모아 종이를 태우는 것처럼 고강도 초음파를 쌀알만큼 작은 곳에 집중시켜 그 부위의 조직과 혈액 세포의 온도만을 높여 구멍 난 부위를 봉합하는 것이죠. 초음파가 집중되는 부위 외에는 열을 받지 않아 전혀 손상을 주지 않는다고 합니다.

이들은 이 초강도 초음파 장치를 몸 전체를 스캔하는 장비와 연결해 이용하면, 몸 안에 출혈 부위나 구멍이 난 곳을 찾아낸 후에 초강도 초음파를 이용하여 수술 없이 피를 멈추게 하거나 구멍 난 곳을 아물게 할 수 있을 것입니다. 이 연구팀은 이 치료용 첨단 장치를 개발하기 위해 지난 10년간 끊임없는 연구를 해 왔으며 현재 미국 보건청과 국방성, 항공생물의학연구소 등에서 연구 지원을 받고 있습니다.

과연 영화 〈스타트랙〉에 나오는 것처럼 손에 쥔 스마트 기기로 우리 몸을 조사하고 상처 난 부위를 통증 없이 치료하는 장치가 나오기를 23세기까지 기다려야 할까요? 여러분의 생각은 어때요?

만능통역기

극장에 영화를 보러 가서 앞자리에 앉아 본 적이 있나요? 그렇다면 아마도 자막을 읽기 위해 고개를 돌렸다가 중요한 장면을 놓쳐 버린 경험이 있을 것입니다. 부푼 기대를 가지고 나선 해외여행 중 비행기에서 외국 승무원이 건넨 말을 알아듣지 못한다면 기대가 걱정으로 변하는 것을 느끼게 될 것입니다.

사실 우리나라 학생들이 가장 많은 시간을 투자하면서도 어려워하는 과목 중 하나가 영어입니다. 초등학교부터 대학교까지 영어 공부를 해야 하고 졸업을 하고 나서도 입사 시험에서부터 승진 시험까지 영어가 꼬리표처럼 따라 붙는 것이 현실입니다. 더군다나 요즘같이 세계가 하나의 생활권으로 묶여 있는 세상에서는 비단 영어뿐만 아니라 다양한 외국어의 필요성이 점점 늘어나고 있습니다.

그렇다면 그 많은 외국어를 일일이 공부하는 수밖에 없는 걸까요? 아마도 미래의 나노과학기술이 그 대안이 될 수도 있겠습니다. 나노과학기술이 더욱 발전하면 점점 작은 동시통역기가 개발이 될 것이고, 귀에 꽂는 통역기에서부터 아예 귀 밑에 보이지 않게 붙이는 통역기까지 만드는 것이 가능하게 될 테니까 말입니다.

현재에도 영어와 한글을 자동으로 번역해 주는 프로그램이나, 책을 읽어 주는 프로그램 등이 나와 있기는 합니다. 물론 아직까지는 매끄럽지 못한 부분이 많이 있기는 하지만 동시통역기를 개발하기 위한 많은 제반 기술들이 개발되고 있는 중입니다. 전문가들은 가까운 미래에 문학 작품의 미묘한 언어적 표현까지 전달하기는 힘들겠지만 적어도 정확한 의미 전달은 가능한 통역기가 나올 것으로 보고 있습니다.

휴대 가능한 동시통역기에서 필요한 기술들은 이미 부분적으로 개발 중에 있는데 그 핵심은 방대한 양의 언어 정보를 소형 기계에 탑재시키고 빠른 연산 속도를 갖추게 하는 데 있습니다. 나노과학기술의 발전은 기존의 물질 단위를 제어하는 것에서 점차 분자 등의 최소 물질 단위를 제어하는 것을 가능하게 하고 있습니다. 이러한 분자가 정보의 기본 단위인 비트 정보를 가지게 되면 나노과학기술은 막대한 양의 정보를 집약적으로 제어할 수 있게 됩니다. 2000년부터 미국에는 매년 향후 나노과학기술을 기반으로 한 융합 기술의 발전 전망을 제시하는 학회를 통해 미래 기술을 예상하고 있습니다. 이에 따르면 2020년에는 나노과학기술의 발전으로 정보 및 통신 분야에 일대 혁신이 있을 것으로 기대하고 있습니다. 휴대용 동시통역기 또한 이러한 정보 통신 분야의 발달의 일환으로 개발이 크게 기대되고 있습니다.

동시통역기를 만들려고 하는 노력이 진행 중인 가운데 부분적인 통역기는 이미 나와 있는 것이 있습니다. 현재 미국에 시판되고 있는 스마트폰 크기의 통역기는 7만 개의 영어 단어와 구절을 30여 개국의 언어로 통역을 해 줍니다. 이 통역기에 대고 말을 하면 스피커를 통해 원하는 언어로 통역을 해 줍니다

또 미군에서는 트랜스택(TRANSTAC, spoken language communication and translation system for tactical use)이라는 통역기를 개발해 이라

크에서 쓰고 있습니다. 이 통역기는 영어를 아라비아 어로 통역을 해 줄 뿐만 아니라 아라비아 어를 영어로도 통역하는 쌍방 통역 기능을 갖고 있습니다. 게다가 쌍방 순간 번역 프로그램도 개발하였는데 이를 이용하면 사용자가 서로 휴대전화로 문자메시지나 이메일을 주고받을 때 영어와 아라비아 어로 각각 번역이 되어 통신이 된다고 합니다. 각기 자기 나라 말로 외국 사람과 자유로이 문자 메시지나 이메일로 교신이 가능하다는 것은 참으로 놀라운 기술이 아닐 수 없습니다. 하지만 이것도 여전히 외국어를 실시간으로 동시통역을 해 주는 장치는 아닙니다.

그런데 최근 구글(Google)에서는 실시간 동시통역기를 수년 안에 개발해 일반에 제공하겠다고 공언을 해서 화제가 되고 있습니다. 이들은 스마트폰을 이용하여 거의 실시간으로 동시통역을 하는 프로그램을 현재 개발 중이라고 밝혔습니다. 이 프로그램은 지금처럼 단어나 간단한 구절만을 통역을 하는 것이 아니라 동시통역사처럼 이용자의 말의 내용을 인식하고 이해하여 정확한 통역을 거의 실시간으로 제공할 것이라고 합니다. 이들은 이미 인터넷 콘텐츠를 52개국 이상의 언어로 번역하는 서비스를 제공하고 있기에 번역 기술에 필요한 많은 노하우를 갖고 있는 셈입니다.

하지만 문서 번역이 아닌 동시통역기를 개발하기 위해서는 우선 사람의 말을 정확히 인식할 줄 아는 음성인식기술이 필요합니다. 그런데 이 음성인식기술 개발이 어려운 이유는 말하는 사람마다 음색, 음 높이, 억양 등이 다 다른데 이것들을 오류 없이 제대로 인식하도록 하는 어려움이 있기 때문입니다. 이런 점들 때문에 몇몇 전문가들은 실시간 동시통역기 개발은 결코 쉬운 것이 아니라고 주장하기도 합니다.

물론 지금도 기본적인 음성인식기술이 여러 분야에서 사용이 되고는 있습니다. 휴대전화 가운데는 음성으로 전화를 걸 수 있는 휴대전화도 있고, 음성으로 내비게이션에 원하는 곳을 찾아가게 하거나 자동차 오디오를 조절하게 하는 기술 등은 이미 상용화되어 있습니다. 또 음성인식기술로 컴퓨터에 자료를 입력시킬 수도 있습니다. 사실 이런 음성인식기술은 1952년부터 개발되기 시작했지만 아직까지는 누구나 쉽고 정확하게 쓸 수 있는 장치가 개발되지 못한 것이 사실입니다. 사용자마다 다른 음색, 억양 등을 제대로 인식해야 하는 점이 가장 큰 기술적인 문제로 남아 있기 때문에 아직까지 나와 있는 음성인식 장치를 제대로 쓰기 위해서는 사용자가 음성인식 장치를 가지고 많이 사용을 해 보고 매뉴얼대로 정확하게 쓸 수 있도록 훈련을 해야 하는 형편입니다.

미래 음성인식기술이 더욱 발전하면 동시통역기 외에도 그 응용 분야는 무궁무진할 것입니다. 우선 병원에서 의사가 환자의 차트를 일일이 기록할 필요가 없어질 것이며, 법정에서도 음성을 인식하여 자동으로 기록을 남기는 날이 오게 될 것입니다. 앞으로 음성인식기술은 컴퓨터, 게임, 통신 분야뿐만 아니라 의료, 국방 등 더욱 많은 분야에서 필요로 하게 될 것입니다.

모든 언어를 동시통역할 수 있을까

전 세계에는 약 6,000개가 넘는 언어가 있다고 합니다. 이렇게 많은 언어를 자유자재로 정확하게 전달하는 동시통역기를 만드는 것이 가능할까요? 오래전에 이런 상상을 한 사람이 있었는데 그는 과학자가 아닌 소설가 더글라스 애덤스였습니다. 그가 쓴 공상 과학 소설 『은하수를 여행하는 히치하이커를 위한 안내서』를 보면 귓속에 집어넣기만 하면 자동적으로 외국어를 이해하고 대화할 수 있게 해 주는 바벨 피쉬가 등장합니다.

작고 노랑색의 바벨 피쉬는 사람의 귀 안에 들어가 거머리처럼 붙어서 동시통역을 해 주는데 상대방의 말, 즉 음파를 받아서 수신자의 뇌의 언어 중추에 상대의 생각을 전송해 주는 원리입니다. 이 물고기는 음파를 뇌파로 바꿔 통역하기 때문에 지구상의 언어뿐만 아니라 우주여행을 하면서 만나는 온갖 외계인들과도 자연스럽게 대화를 할 수 있게 해 줍니다. 그런데 이 소설에 의하면 아이러니하게도 바벨 피쉬로 인하여 수많은 종족과 문명 간의 언어의 장벽이 무너지기는 했으나 그로 인해 도리어 더 많은 전쟁이 일어났습니다. 구약의 창세기에 나오는 바벨탑 사건, 즉 인간들이 모의해 하늘로 오르려 하자 바벨탑을 쌓지 못하도록 언어를 달리해 인간들을 흩어 버렸던 사건이 이해가 가는 대목이네요.

> 『은하수를 여행하는 히치하이커를 위한 안내서』
> 1979년에 출간된 더글러스 애덤스의 공상 과학 소설. 많은 독자들에게 사랑받고 있는 책이며 영화로도 제작되었다.

　더글러스 애덤스의 공상과학소설에 나오는 바벨 피쉬는 귀로 전해진 음파를 뇌파로 바꿔서 동시통역을 합니다. 물론 이 바벨 피쉬는 소설에 나오는 신의 창조물일 뿐입니다. 하지만 우리가 여기서 한 가지 힌트를 얻어 생각할 수 있는 것이 있습니다. 반대로 뇌파를 음파로 바꿀 수는 없을까 하는 가능성 말입니다. 만일 사람의 뇌파를 음파로 바꿔 인식할 수 있는 기술이 가능하다면 척추 외상이나 루게릭병 등으로 말을 할 수 없게 된 사람들의 뇌파를 음파로 바꿔 사람들과 대화를 할 수 있게 될 테니 말입니다.

　이렇게 말 못하는 환자들의 생각을 말로 바꿔 주는 아이디어에 착안해 말하는 장치를 개발한 사람이 있습니다. 일리노이 주립대학교에서 나노과학기술과 신경과학을 공부한 마이클 칼라한은 대학 시절부터 이 분야에 관심을 갖고 연구를 시작해 수년간의 시행착오를 거친 끝에 마침내 말하지 못하는 사람들의 생각을 말로 바꿔 주는 장치를 발명했습니다. 마이클 칼라한은 이 성과를 인정받아 과학 잡지「파퓰러 사이언스」에서 주는 2009년의 발명상을 받았습니다.

　'오데오'라는 이름의 이 장치는 환자의 뇌신경에서 나오는 신호를 분석하여 언어로 바꿔 줍니다. 이 장치의 원리를 살펴보면, 3개의 알약 크기의 전극을 목 밑에 붙여서 뇌와 성대 사이의 전기적 신호를 감지하도록 합니다. 이 장치 안에 들어 있는 마이크로프로세서는 감지된 전기 신호를 여과하고 증폭시켜 근처에 있는 컴퓨터로 보냅니다.

그러면 컴퓨터가 받은 전기적 신호를 프로그램을 통해 말로 바꾸어 스피커를 통해서 음성으로 전하는 것입니다. 보통 사람이 말을 할 때 말하고자 하는 생각이 성대로 전해지면 입술과 혀 등을 움직여 말을 하게 되는데, 말을 하지 못하게 된 환자의 경우 뇌에서 성대로 전해진 전기적 신호를 컴퓨터가 프로그램을 통해 음성으로 바꾸어 스피커를 통해 전해 주는 것입니다.

이런 장치를 만들기 위해서는 신경과학과 신호처리기술, 뇌에서 성대로 가는 신호를 잡아 내는 기술 등이 필요합니다. 이외에도 심장이 뛸 때 나는 소리나 주변의 다른 필요 없는 소음들로부터 뇌에서 보내는 정보를 정확히 구분해 내는 기술이 필요합니다.

현재 이 장치를 이용하여 말을 전혀 할 수 없던 환자들이 성대, 입술, 혀 등의 기관을 사용하지 않고 생각만으로 의사와 가족들과 기본적인 의사소통이 가능하다고 합니다. 보통 우리가 정상적인 대화를 하기 위해서는 분당 150개의 단어를 사용할 수 있어야 합니다. 현재 이 장치로는 분당 30개 정도의 단어를 말할 수 있어 아직 우리가 말하는 속도의 5분의 1 정도를 표현할 수 있습니다. 하지만 말을 전혀 하지 못하던 환자들이 의료진이나 가족들과 꼭 필요한 기본적인 대화를 할 수 있도록 해 주는 놀라운 장치임에는 분명합니다.

개발자에 의하면 현재 이 장치를 더욱 발전시켜서 더 많은 대화를 빠른 속도로 할 수 있도록 하는 연구가 진행 중입니다. 이들은 앞으로 이 장치를 컴퓨터 대신 휴대전화에 연결하여 대화할 수 있도록 개발할 계획입니다. 그렇게 될 경우 중간에 컴퓨터와 스피커 등의 장치가 필요 없이 누구나 휴대전화를 이용해 쉽게 대화하는 수준까지 발전하게 되리라 봅니다. 뇌파를 이렇게 음파로 전환시키는 기술이 더욱 발전된다면 비단 말 못하는 환자의 기본적인 의사소통뿐만 아니라 컴퓨터에 통역 모듈을 첨가하여 뇌파를 통해 외국어로도 대화가 가능한 단계까지 상상해 볼 수도 있겠습니다.

nano

앞에서 살펴봤듯이 나노과학기술이 점차 발전하면 나노가 상상을 초월하는 놀라운 두뇌, 세상의 모든 언어를 알아들을 수 있는 귀의 역할까지 해 주는 참으로 놀라운 세상이 될 것입니다. 그럼 여기서 내 친김에 코 이야기까지 해 볼까요?

갓 볶아낸 향기로운 커피 원두, 막 구워 낸 따끈따끈한 빵, 가던 길을 멈추게 하는 향기로운 장미 등 일반적으로 냄새나 향기는 수백 개에서 수천 개의 화학 성분으로 구성되어 있습니다. 예를 들어, 커피 향에는 1,000개 이상의 화학 성분이 포함되어 있습니다. 이 중에서 원하는 특별한 화학 성분만을 구별하기는 결코 쉬운 문제가 아닙니다.

우리는 개가 아주 냄새를 잘 맡는다는 것을 알고 있습니다. 훈련견들이 아주 특별한 후각 능력으로 경찰이나 군에서 수색 작업을 하거나 공항에서 숨겨진 마약 등을 검사할 때 이용되고 있는 것은 여러분도 잘 아는 사실입니다.

그런데 이뿐만 아니라 훈련된 개들이 냄새로 유방암이나 폐암을 조기 진단할 수 있다는 연구가 국제 암 전문 학술지 「Integrative Cancer Therapies Journal」에 보고되어 화제가 되었습니다. 개는 아주 희박한 화학 성분도 탐지할 수 있는 놀라운 후각 능력을 가지고 있는데 이 연구에 의하면 개들에게 사람들이 내뱉는 숨 냄새를 맡게 해 이 가운데 암 환자를 구별해 내는 실험을 했는데 놀랍게도 88~97퍼센트의 정확도로 암 환자를 구별했습니다. 뿐만 아니라 암 환자의 경우 초기 환자와 말기 환자까지도 구별해 내는 놀라운 능력을 보였습니다.

자, 그럼 이렇게 개처럼 민감성(sensitivity)과 특이성(specificity)이 뛰어난 인공전자장치, 즉 전자코 또한 만들 수 있지 않을까요?

전자코

전자코란 전자센서와 패턴인식시스템을 이용해 사람의 후각처럼 냄새나 향기를 탐지하고 판별하고자 만든 전자장치를 말합니다. 전자코는 3가지 부분으로 구성되어 있는데 사람 코의 신경 세포처럼 냄새를 맡는 센서, 후각 신경처럼 냄새를 분석하는 마이크로프로세서, 그리고 뇌처럼 맡은 냄새를 구별하는 컴퓨터 소프트웨어 시스템이 필요합니다. 이런 전자코를 만들기 위해서는 역시 나노과학기술을 이용한 IT와 센서 기술이 필수적으로 필요합니다.

전자코를 이용한 응용 분야는 매우 다양합니다. 전자코를 이용하여 음식물의 신선도를 구별할 수 있고, 잘 익은 과일을 적기에 수확하도록 농경 분야에서 사용할 수도 있습니다. 또 공기 중의 오염 물질이나 황사를 분석하여 인체에 해로운 물질이 검출되었을 때 미리 경보를 하는 등 우리 생활의 질을 높이는 데도 사용할 수 있습니다.

> **후각 신경**
> 후각을 전달하는 감각 신경으로 점막에 분포하는 신경 돌기가 냄새를 맡는다.

전자코의 가장 큰 장점은 사람의 후각으로는 인지하지 못하는 냄새를 탐지할 수 있다는 점입니다. 화재나 가스 누출 시 전자코는 아주 미세한 냄새만으로도 초기 단계에 알려 주어 사고를 미연에 방지할 수 있습니다. 예를 들면, 일산화탄소의 독성 가스를 탐지해 위험을 사전에 경고할 수 있습니다. 흔히 연탄가스 중독이라고 하는 것이 바로 냄새가 없는 일산화탄소에 의한 것으로 예전에는 젖은 연탄을 때고 자다가 숨지는 사고가 많이 발생했었습니다.

또 많은 사람들이 한꺼번에 이용하는 지하철에서의 화재나 지하 독가스 누출 탐지에도 전자코가 큰 역할을 할 수 있습니다. 실제 스웨덴의 스톡홀름의 지하철역에는 나노과학기술로 만든 전자코를 설치할 계획이라고 합니다. 스웨덴의 지하철역에 설치될 전자코는 러시아 미르 우주 정거장에서 사용했던 전자코로 1997년 러시아 우주 정거장 화재를 조기 경보해 안전하게 임무를 마치게 했던 만큼 그 성능이 이미 입증된 것입니다. 스톡홀름에는 무려 56개의 지하철역과 60킬로미터에 달하는 터널에 이 전자코를 설치할 계획이라고 하니 역시 선진국은 안전 문제에서도 민감하다는 생각이 듭니다.

이들이 사용하려는 전자코는 우주 정거장처럼 온도나 대기 변화가 심하고 특히 진동이 심한 혹독한 환경에서 쓰도록 개발됐기 때문에 습도가 높고 먼지가 많은 지하철 구간에서 종래의 화재경보기에 비해 매우 뛰어난 성능을 발휘할 것입니다. 지하철과 같은 지하 구조물에서 화재가 나게 되면 대형 재난으로 확대될 위험성이 매우 큽니다.

과거 대구 지하철 참사라는 뼈아픈 기억을 가지고 있는 우리로서는 첨단 나노과학기술로 안전 무장할 스톡홀름의 지하철이 참 부럽게 느껴지네요. 이런 전자코 장치는 깊은 지하 광산이나 폐쇄된 공간에서 작업을 하는 사람들의 안전을 위해서도 필요할 것이라는 생각이 듭니다. 전자코는 원래 국제 우주 정거장에서 실내 공기의 오염도를 관측하고 경고하기 위해 개발됐는데 지상에서도 참 여러 가지 할 일들이 많이 있네요.

폐암의 냄새를 맡는 전자코

환자가 내뱉는 숨에서 특이 성분을 구분해 병을 조기 진단해 주는 고마운 전자코도 있습니다. 테크니온 이스라엘 공대 연구팀은 5나노미터 크기의 금 나노입자를 이용한 나노화학센서를 개발해 사람이 내쉬는 날숨을 분석해서 폐암을 진단하는 전자코를 개발했습니다.

세계보건기구에 의하면 폐암으로 인한 사망자는 전체 암으로 인한 사망자의 28퍼센트를 차지해 가장 높은 사망률을 보이고 있으며 세계적으로 연간 130만 명이 폐암으로 사망한다고 합니다. 폐암은 대부분 뚜렷한 자각 증상이 없어 대부분 말기에 발견되며 폐암의 여부를 판명하기 위해 폐에서 세포를 직접 채취해야 하는데 조직 검사가 어렵고 의료비가 비싸기 때문에 조기 진단이 어려운 실정이라고 합니다. 하지만 이제 환자가 내쉬는 날숨으로 간단히 폐암을 진단할 수 있는 전자센서가 개발됐으므로 앞으로 많은 경우 조기 진단과 치료를 할 수 있을 것으로 기대되고 있습니다.

　이 연구팀은 유기 화합물 혼합체 분석 기술을 이용해 폐암 진단을 위해 사용한 42개의 휘발성 유기 화합물 중 폐암의 여부를 알려 주는 4개의 독특한 바이오 마커를 판명하는 데 성공했다고 국제 학술지 「네이처 나노 테크놀로지(Nature Nanotechnology Journal)」에 보고했습니다. 이로 인해 금 나노입자를 이용한 센서로 만든 간편하고 값싼 폐암 진단 의료기기를 만들 수 있는 기반이 마련됐습니다.

　전자코 센서는 앞으로 다른 각종 암 진단에도 이용될 수 있을 것으로 보입니다. 나노기술의 발전과 함께 진보할 전자코 센서는 의료, 국방, 화공, 항공 우주 분야에 이르기까지 그 응용 분야를 넓혀 나갈 것입니다.

nano

　원격의료(telemedicine)란 산간벽지나 오지 등 의료시설과 멀리 떨어져 직접 의료서비스를 받기 어려운 곳에 있는 환자들을 정보통신기술과 의료기기를 이용해 의료기관과 연결해 주는 의료서비스를 말합니다. 환자들은 멀리서도 의사로부터 상담과 진료를 받을 수 있을 뿐만 아니라 치료에 필요한 의료정보를 정보통신기술을 이용하여 서로 교환할 수 있습니다. 또 간단하게는 전화를 이용해 의료진끼리 상의하는 것에서부터, 나아가 인공위성과 영상회의 시설을 이용해 서로 다른 나라에 있는 전문의들이 실시간으로 협력하여 의료서비스를 제공하는 것도 이에 포함됩니다. 한마디로 원격의료는 빠르고 정확한 정보통신기술 위에 다양한 센서기술과 검사기술, 의료 공학, 나노과학기술 등이 함께 꽃을 피운 의료서비스라고 할 수 있습니다.

　원격 의료의 장점은 의료 혜택을 받기 힘든 산간벽지에 있는 환자들에게 적절한 의료서비스를 제공할 수 있다는 것 외에도 응급상황에서도 원격으로 환자에게 빠르고 적절한 조치를 취할 수 있다는 것입니다. 또한 앞으로 원격의료가 더 대중화된다면 환자들이 굳이 병원에 입원하지 않고도 실시간으로 의료서비스를 받을 수 있기 때문에 의료비가 절감되고 환자들의 삶의 질이 향상될 수 있습니다.

현재의 원격의료

원격의료는 형태는 다르지만 오래전부터 있었습니다. 1900년대 초 호주에서는 오지에 응급 환자가 생기면 무전기로 호주 로얄항공 의료 서비스와 연락을 취해 곧바로 의료 서비스를 제공했습니다. 재미있는 것은 당시 전기가 없는 오지에 환자가 생기면 자전거 페달을 밟아 무전기 사용에 필요한 전력을 발전해 응급상황을 알렸다고 합니다.

그렇다면 오늘날 호주의 원격의료는 어떤 수준이 되었을까요? 현재 964명의 의료진이 21곳의 기지에서 53대의 비행기를 이용해 매년 27만 명에게 24시간 의료서비스를 제공하고 있습니다. 호주의 로얄항공 의료서비스는 현재 한국보다 73배나 넓은 지역에 항공 의료서비스를 제공하고 있습니다.

원격의료는 크게 3가지로 나눌 수 있습니다.

첫 번째는 전문의에게 환자의 진단 기록이나 검사 결과를 전송하는 것입니다. 환자들의 X선 검사, 조직 검사, 피나 소변 검사 등의 결과를 팩스나 인터넷 등을 통해 전문의에게 송신하는 것을 말합니다.

두 번째는 정보통신기술을 이용하여 멀리 떨어진 곳에 있는 환자의 상태를 실시간으로 관찰하는 것을 말합니다. 가령 심장병이나 당뇨가 있는 환자들을 입원시키는 대신에 환자의 몸에 센서를 부착하여 상태를 지속적으로 관찰하는 것이 여기에 속합니다.

세 번째는 의료진이 실시간으로 환자와 전화 통화나 다른 통신 기술을 이용해 진단이나 치료를 하는 것을 말합니다. 환자와 직접 마주

앉지만 않았을 뿐 첨단의료장비와 통신장비를 이용하여 환자를 원격으로 진료하고 검사 및 치료까지 해 주는 단계를 말합니다.

원격의료 중 하나인 원격심장학(tele-cardiology)은 그 역사가 100년도 넘습니다. 심전도기를 발명한 아인토벤은 1906년에 심전도기를 개발해 놓고도 병원에서 환자를 실험실로 이송하는 것을 허락하지 않았기 때문에 환자들의 심전도 결과를 전화선으로 자신의 실험실로 전송했다고 합니다. 이런 에피소드가 원격의료의 시초가 될 줄 아마도 그때는 몰랐겠지요? 아인토벤은 심전도기를 발명한 공로로 1924년에 노벨의학상을 수상했습니다. 현재 원격의료기술은 매우 발전하여 멀리 떨어져 있는 환자의 박동조율기를 실시간으로 관찰할 수 있고, 전자 검이경이나 청진기를 연결해 환자의 상태를 진단하기도 합니다.

원격의료 분야 가운데 환자의 건강 상태를 집에서 점검하고 관리하는 홈 헬스가 요즘 특별히 빠르게 발전하고 있습니다. 홈 헬스는 환자가 병원에 입원하지 않더라도 환자의 상태를 의료 기관에 실시간으로 전송하여 줌으로써 병이 악화되는 것을 미리 예측하고 응급상황을 방지하는 것입니다. 또 응급 시에도 의료진들이 신속히 적절한 조치를 취할 수 있기 때문에 장기입원해야 하던 환자들에게는 매우 편리한 시스템이 될 것입니다. 그러기 위해서는 환자의 건강 상태를 실시간으로 조사해 주는 여러 가지 종류의 센서를 환자에게 부착해야 하고 이런 센서들이 얻은 결과를 무선으로 병원이나 의료 서비스 기관에 송신을 할 수 있어야 합니다.

그래서 홈 헬스 센서로 개발하고 있는 것 중 하나가 바로 입는 센서 시스템(wearable sensor system)입니다. 이는 환자가 의복처럼 착용하는 것으로 여기에 달린 여러 개의 센서들이 환자의 몸의 변화를 정확하게 인지하여 병원에 전송해 줍니다. 이런 입는 센서 시스템 중 단순기능을 가진 장치는 벌써 상용화되었는데 예를 들어 심장병 환자의 심장박동수나 조깅하는 사람의 발자국 소리를 실시간으로 관측해 주는 장치가 이미 개발되었습니다.

한 조사에 의하면 앞으로 이렇게 입는 센서장치는 수년 안에 4억 개 이상이 상용화될 것이라고 예측하고 있는데 현재 나와 있는 간단한 센서 장치는 90퍼센트 이상이 운동선수나 헬스 전문가들이 사용하고 있습니다. 현재는 단 10퍼센트 정도만 의료 분야에서 이용되고 있는 실정이지만 앞으로는 IT 기술의 발전과 함께 의료용 입는 센서장치가 급속히 보급될 것입니다. 환자의 체온뿐만 아니라 심장박동, 맥박수, 혈당량, 호흡 상태 등을 복합적으로 관측하여 적외선, 블루투스, 와이파이 등 무선통신기술을 이용하여 의료기관에 보내는 최첨단 입는 센서장치가 개발될 것입니다.

앞으로 이런 센서장치는 사람들의 건강뿐만 아니라 심리 상태까지도 조사하는 게 가능할 것입니다. 그렇게 된다면 환자들의 육체적, 정서적인 관리뿐만이 아니라 군인이나 파일럿 등 전문인력들의 심리 상태도 살펴서 스트레스로 인한 사고를 크게 줄일 수 있습니다. 이처럼 입는 센서장치를 더욱 효과적으로 만들기 위해서는 더욱 작고 가볍고 정확한 나노센서를 만들어야 하고 이를 실시간으로 빠르게 송신할 수 있는 통신장비가 필수적입니다.

산간벽지나 오지에 있는 환자를 위해 시작된 원격 의료는 이제 교도소의 재소자들을 위해서도 쓰이고 있습니다. 수감 중인 재소자들을 인근 병원으로 이송해 의료서비스를 제공할 때 드는 비용과 위험성을 감안한다면 왜 원격의료를 이용하는지 쉽게 이해가 갈 겁니다. 텍사스 주립대학교 갈베스톤 의과 대학은 미국에서 재소자들을 위한 원격 의료 서비스를 처음 시작한 곳 중 하나로 현재 매달 교도소에 수감되어 있는 수백 명의 환자들을 원격으로 돌보고 있습니다.

또 미군과 미국항공우주국에서는 대학 연구팀과 공동으로 원격 수술에 필요한 로봇수술 장비를 개발하고 있습니다. 원격로봇수술 장비가 개발되면 외과 의사가 직접 전쟁터에 파견될 필요 없이 원격으로 부상당한 군인을 수술할 수 있게 됩니다. 미국항공우주국에서 니모(NEEMO, NASA extreme environment mission operations)라는 이름으로 진행되는 이 프로젝트는 우주 비행사들을 미래 우주탐사를 준비시키는 과정의 일환으로 해저에서 훈련을 시키며 잠수함 안에서 원격으로 수술을 하는 실험을 하고 있습니다. 전쟁터, 우주공간 등 극한의 상황에서도 원격으로 수술이 가능한 시대가 곧 오게 될 것입니다.

nano

nano

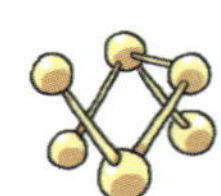

나노야, 부모님을 도와줘

- 색이 바뀌는 페인트 · 스스로 흠집을 없애는 페인트
- 청소가 필요 없는 집 · 똑똑한 창문

색이 바뀌는 페인트

인류의 친구, 페인트

인류가 처음 페인트를 만들어 사용한 지는 얼마나 됐을까요? 페인트의 역사는 약 4만 년 전으로 거슬러 올라가는데, 당시 사람들이 황토나 붉은색 광물, 숯가루 등을 섞어서 그렸던 벽화에서 처음 사용되었습니다. 인류는 이미 이집트 시대에 페인트를 흰색, 검은색, 파란색, 빨간색, 노란색, 초록색 등으로 구분해 사용했던 것으로 보이는데 특히 이집트 데네드라 지방의 고분 벽화를 보면 오랜 시간 공기 중에 노출되었음에도 불구하고 2,000여 년 전의 색이 생생하고 선명하게 남아 있어 보는 이를 놀라게 하고 있습니다.

과거의 페인트는 그림을 표면에 단단히 잘 붙어 있게 하기 위하여 계란 노른자를 사용했고 붉은색을 내기 위해서는 동물의 피를 사용했으며 그 외에도 여러 가지 식물과 모래, 토양 등을 섞어 페인트의 재료로 사용했습니다. 오늘날의 페인트는 그 종류나 용도를 이루 다 셀 수가 없을 정도이며 여러 가지 다양한 기능을 가진 페인트들이 생산되고 있습니다. 여기에다가 나노과학기술까지 더해져 마술처럼 놀랍고도 우리 생활을 편리하게 해 주는 첨단 기능을 가진 페인트들이 속속 개발되고 있습니다.

자, 그럼 지금부터 마술처럼 색이 변하는 신기한 페인트에 대하여 자세히 알아보도록 하죠. 색이 변하는 페인트에는 온도에 따라 색이 변하는 페인트, 빛에 노출이 되면 색이 변하는 페인트, 전기를 가하면 색이 변하는 페인트, 그리고 자성에 의하여 색이 변하는 페인트 등이 있습니다.

외부의 온도에 따라 색이 사라지거나 나타나는 페인트를 썰모크로 믹 페인트(thermochromic paint)라고 합니다. 이런 페인트를 만드는 한 가지 방법으로는 리퀴드 크리스탈(liquid crystals)이라는 액체 결정을 마이크로 크기로 캡슐화해서 염료 안에 섞어서 페인트를 만드는 것입니다. 이렇게 만든 페인트는 온도에 따라 반사되는 가시광선의 파장이 달라지기 때문에 다른 색으로 보이게 되는 것입니다.

예를 들어 온도가 높아지면 페인트 속의 리퀴드 크리스탈의 결정 구조 간격이 작아져 가시광선을 반사시킬 때 파장이 짧은 가시광선을 반사시켜서 파란색으로 보이게 됩니다. 반대로 온도가 낮아지면 리퀴드 크리스탈의 결정 구조 간격이 넓어져 파장이 긴 오렌지나 붉은 계열의 색으로 보이게 되는 것입니다. 염료나 잉크에 들어가는 액체 결정은 주로 마이크로미터 크기의 캡슐 상태로 액체와 혼합되어 있는 용액을 이루고 있습니다. 리퀴드 크리스탈이 들어간 페인트는 온도에 따라 색이 정확하게 바뀌는 특성이 있기 때문에 온도의 변화를 육안으로 정확하게 구별해야 할 필요가 있을 때 주로 사용되고 있습니다.

온도에 따라 색이 변하는 페인트를 만드는 또 다른 방법으로는 페인트 재료에 류코다이(leuco dye)라는 물질과 다른 화합 물질을 섞어서 마이크로캡슐 안에 넣어 만드는 것입니다. 이 페인트는 온도가 높아지면 마이크로캡슐이 터지면서 그 안에 섞여 있는 류코다이와 화학 물질이 반응을 일으켜 반사되는 가시광선의 색깔을 변하게 합니다. 류코다이가 들어간 페인트는 리퀴드 크리스탈과 달리 색깔이 온도에 따라 정확히 바뀌지는 않지만 대신 다른 색소와 쉽게 섞어 쓸 수가 있기 때문에 다양한 색을 낼 수 있다는 장점이 있습니다.

온도에 따라 색이 변하는 페인트에는 색이 변했다가 다시 원래의 색으로 돌아오는 가역성 페인트와 한번 색이 변하면 다시 원래의 색으로 돌아오지 않는 비가역성 페인트가 있습니다. 하지만 가역성 페인트도 자외선에 오랜 시간 노출이 된다거나 아주 높은 온도에 노출이 되면 수명이 짧아지거나 비가역성으로 변하게 됩니다.

온도에 따라 색이 변하는 페인트는 이미 우리 주변에서 많이 사용되고 있습니다. 수족관 벽에 있는 온도계는 수온에 따라 색이 변하는데, 이것이 온도에 따라 색이 변하는 페인트의 대표적인 예라고 할 수 있습니다. 이외에도 온도에 따라 색이 변하는 페인트는 식기세척기 내의 온도계, 프로판 탱크의 계량기, 의료용 제품, 기능성 패션 소재 등에 널리 사용되고 있습니다. 또 재미있는 예로 현재 미국의 한 맥주 회사에서 맥주 캔을 만들 때 썰모크로믹 잉크를 사용하여 캔이 차가워지면 하얀색에서 파랑색으로 변하는 제품을 판매하고 있습니다. 썰모크로믹 코팅을 한 머그도 있는데 머그에 뜨거운 커피를 따르면 그 열을 흡수해서 색깔이 바뀝니다. 이런 제품들은 소비자로 하여금 색깔만 봐도 이것이 뜨거운지 차가운지 구별할 수 있게 해 주는 아이디어 상품입니다. 이런 아이디어들은 신선할 뿐만 아니라 호기심을 자극하여 소비자들의 눈길을 끌기에 충분합니다.

또 리퀴드 크리스탈이 들어 있는 잉크로 만든 종이 온도계도 나왔

습니다. 포스트잇같이 생긴 종이 온도계를 이마에 붙여 놓기만 하면
20초 안에 빠르게 체온을 측정해 주는데 많은 사람 가운데 고열이
나는 환자를 구분해야 하는 경우 편리하게 사용할 수 있다고 합니다.
신종플루가 한창 기승을 부릴 때 공항이든 학교든 사람이 많이 모이
는 곳에서 일일이 사람들의 체온을 재곤 했는데요. 이런 온도계가 사
용된다면 참 편리하고 안전할 거라는 생각이 드네요. 게다가 이 온도
계는 입안에 넣을 필요가 없어 위생적일 뿐만 아니라 겨드랑이 안에
체온계를 넣어야 할 필요도 없기 때문에 번잡스럽지 않고 여러 번 반
복 사용이 가능하다는 장점이 있습니다.

이 밖에도 온도에 따라 색이 변하는 염료를 종이에 쓰면 종이 자체
만 가지고도 인쇄를 할 수 있습니다. 토너나 별도의 잉크가 필요 없
이 작은 프린터기에 이 특수한 염료가 들어 있는 종이만 넣으면 인쇄
가 되는데 카드 계산을 할 때마다 받는 영수증이 바로 이것입니다. 다
음부터 신용 카드를 사용할 때 유심히 한번 살펴보세요. 카드 계산기
에서 나오는 그 작은 영수증이 바로 열에 의해 색깔이 나타나게 되는
종이라니까요. 그런데 이런 잉크의 단점은 시간이 지날수록 색이 바
래져 잘 보이지 않게 된다는 점입니다. 영수증을 꼼꼼히 모아본 사람
이라면 오래된 영수증들은 색이 바래서 잘 보이지 않게 된다는 것을
알 수 있을 겁니다.

온도에 따라 저절로 색이 바뀌는 페인트로 벽을 장식해 보면 어떨
까요? 가령 이 페인트로 숨은 그림이나 메시지를 그렸다가 실내 온도
가 바뀌면 나타나는 재미있는 벽화를 그릴 수도 있지 않을까요? 실제

로 이런 재미있는 상상은 제품으로 이어져 이미 생산이 되고 있답니다. 온도에 따라 색이 변하는 페인트를 가지고 벽지를 만든 것인데 벽지의 꽃무늬를 온도에 따라 색이 바뀌는 성분의 염료로 그려 넣어 방안의 온도가 올라가면 꽃이 피고 온도가 내려가면 꽃이 지는 신기한 벽지를 만들었습니다.

이런 페인트를 사용한다면 힘들게 다시 도배를 하거나 벽을 새로 칠 하지 않더라도 새로운 느낌을 연출할 수 있을 것입니다. 이처럼 다양한 무늬와 패턴을 넣어 벽지를 만든다면 오래도록 지겹지 않고 개성이 넘치는 나만의 공간을 꾸밀 수 있을 것입니다.

이렇게 색이 변하는 페인트는 우리 주변에서 이미 많이 사용이 되고 있습니다. 리퀴드 크리스탈이 포함된 페인트는 정확한 온도에서 색

△ 아침, 점심, 저녁에 무늬가 바뀌는 벽지

이 변한다는 장점이 있지만 다루기가 힘들고 특수 인쇄장비가 필요하다는 단점이 있습니다. 또 생산이 쉽지 않기 때문에 높은 생산비용이 들기도 한답니다. 류코다이가 사용된 페인트는 정확한 온도에서 색깔의 변화를 줄 수는 없지만 다루기가 쉽고 생산이 용이해 많은 곳에 적용이 되고 있습니다. 하지만 이 2가지 종류의 페인트 모두 온도가 높은 데서 쓰거나, 자외선에 너무 오래 노출이 되거나, 또 다른 화학물질과 접촉하게 되면 수명이 단축된다는 단점을 가지고 있습니다. 그렇지만 이런 단점들에도 불구하고 온도에 의해 색이 바뀌는 페인트에 대한 연구와 재미있는 응용 제품들이 계속해서 나오고 있습니다. 현재 이런 온도에 따라 색이 변하는 특수한 염료가 사용된 페인트, 잉크, 코팅 제품 등이 곳곳에서 생산되고 있습니다.

빛에 따라 색이 변하는 페인트

색이 변하는 페인트 가운데는 빛에 노출이 되면 색이 변하는 페인트가 있는데 이를 **포토크로믹** 페인트라고 합니다. 이 페인트는 가역성으로 빛에 따라 색이 변했다가 다시 원래의 상태로 돌아오는 2가지 상태를 오고 갑니다.

빛에 따라 색을 변하게 해 주는 페인트에 사용되는 물질은 여러 가지가 있는데 그중 한 예를 들자면 무색의 류코다이가 있습니다. 이것은 원래 투명한 유기물인데 빛 가운데 자외선에 노출이 되면 그 안의 분자 구조가 바뀌어 눈에 띄는 색을 나타내는 것입니다. 그러다가 자외선이 없어지면 류코다이의 분자 구조가 원래의 상태로 돌아가 다시 투명하게 됩니다. 다만 류코다이는 유기 물질이기 때문에 불안정하여 장시간 자외선에 노출이 되면 포토크로믹 현상이 없어지게 됩니다.

무기물질도 포토크로믹 현상을 띠는데 유기물질보다는 훨씬 그 현상이 오래 유지된다는 장점이 있습니다. 특히 염화은이라는 물질은 안정성이 높아 포토크로믹 렌즈에 가장 많이 쓰이는 염료입니다. 해서 이렇게 만들어진 렌즈는 실내에서는 투명한 안경이었다가 자외선에 노출되면 선글라스가 됩니다.

또 이런 염료를 창문에 적용하면 낮에 빛이 많을 때는 선글라스처럼 색이 변해 빛을 차단해 주고, 햇빛이 없으면 투명하게 빛을 통과시켜 주기 때문에 에너지 효율이 높은 창문으로 활용될 수 있습니다. 요즘같이 고유가 시대에 이런 창문이 있다면 냉방에 드는 전기료를 아낄 수 있겠죠?

이외에도 포토크로믹 현상을 이용한 제품으로는 헬멧, 장난감, 화장품, 의류 등 여러 가지가 있습니다. 그런데 이런 포토크로믹 현상을 이용해서 제품을 만들 때는 몇 가지 고려해야 할 사항이 있습니다. 우선 소량의 빛에도 색이 잘 변해야 하고 오랫동안 사용해도 포토크로믹 현상이 유지돼야 합니다. 또한 여러 번 사용을 해도 색이 바뀔 때 일정한 색을 유지할 수 있어야 합니다.

또 어떤 물질에 어떤 염료를 쓰는가에 따라 자외선을 비췄을 때 색이 변하는 속도가 달라지는데 예를 들어 안경처럼 딱딱한 렌즈의 경우 색이 변하는 속도가 가장 느립니다. 이런 안경은 밖에 있다가 갑자기 실내로 들어갔을 때 안경의 색이 빨리 돌아오지 않아 당황스럽게 합니다. 색이 변하는 속도가 가장 빠른 경우는 액체와 섞였을 때입니다. 해서 이런 염료를 렌즈에 사용하더라도 부드러운 고분자 재료에 섞어서 만든 렌즈는 일반 딱딱한 렌즈보다 색이 훨씬 빠르게 변합니다.

최근에는 따로 선글라스를 낄 필요가 없이 야외에서 색이 변하는 콘택트렌즈가 개발돼 화제입니다. 싱가포르 대학교의 바이오 나노 연

구팀과 안과 전문의들이 공동으로 나노과학기술을 이용하여 자외선에 따라 색깔이 변하는 콘택트렌즈를 만들어 현재 임상 실험 중에 있습니다. 이들은 콘택트렌즈로 사용되는 특수한 바탕 재료에 나노 크기의 터널을 만들고 그 터널 안에 자외선에 따라 색이 변하는 염료를 채워 넣은 것인데요. 이 제품의 특징은 자외선에 노출됐을 때 빠른 시간에 렌즈의 색이 까맣게 변한다고 합니다. 이 렌즈는 보통 때는 일반 콘택트렌즈로 쓰다가 야외에선 선글라스 효과를 내어 해로운 자외선으로부터 눈을 보호하고 눈부심을 방지해 준다고 합니다.

재미있는 것은 이것이 원래는 다른 용도로 개발된 발명품이 실패하자 그것을 응용해 다시 만든 제품이라는 점입니다. 원래 이 연구팀이 만든 것은 눈병을 치료하기 위한 특수 콘택트렌즈였습니다. 이들은 먼저 눈병 치료 약물을 넣을 수 있는 미세 구멍들이 난 특수렌즈를 개발했습니다.

녹내장의 경우를 예로 보면 녹내장은 안압의 상승으로 인해 시신경이 눌리거나 혈액 공급에 장애가 생겨 시신경에 이상을 초래하는 질환으로 시야가 좁아지고 심한 경우에는 시력을 잃을 수도 있는 병입니다. 정상적인 안구 속에는 방수라는 체액이 항상 분비되는데 녹내장은 안구 속의 방수가 정상 이상으로 많아져 안압이 높아지는 것입니다. 그래서 녹내장은 이 방수를 조금 덜 만들어 내게 하는 안약으로 치료를 하는데 이 연구팀

> **녹내장**
> 눈의 압력이 상승하여 시신경이 눌리거나 혈액 공급에 장애가 생겨 시신경의 기능에 이상을 초래하는 질환. 각막이 혼탁하여 바닥이 녹색으로 보인다 하여 녹내장이라는 이름이 지어졌다.

은 눈에 그냥 안약을 투입하는 것보다 이렇게 약물이 첨가된 콘택트렌즈를 지속적으로 착용하도록 제품을 개발한 것입니다.

그런데 기술적으로 어려운 미세 구멍이 난 콘택트렌즈를 개발해 놓고도 이것이 실패로 돌아간 이유가 궁금하지 않나요? 그것은 바로 이러한 특수 목적의 콘택트렌즈를 필요로 하는 시장이 없었기 때문입니다. 결국 이들은 연구 방향을 보다 많은 사람들이 필요로 하는 콘택트렌즈로 전환하게 되었고 마침내 녹내장 치료용 콘택트렌즈 대신 자외선에 따라 색이 변하는 염료를 넣은 콘택트렌즈를 만든 것입니다. 싱가포르 대학교 연구팀은 처음의 실패를 딛고 우여곡절 끝에 세계 최초로 선글라스처럼 색이 변하는 콘택트렌즈를 개발하게 되었습니다. 이 연구팀은 현재 많은 의료용품 제조 회사들로부터 관심을 받고 있다고 합니다.

이러한 결과는 나노과학자와 의료 전문가들 간의 공동연구를 통해 이뤄 낸 값진 결실입니다. 이들 간의 긴밀한 공동연구는 연구실에서의 기초과학연구를 빠른 시간 안에 의료 현장에 적용할 수 있고, 새로운 의료 기기나 치료법을 개발하는 데 유용하게 쓰일 수 있습니다.

전기로 색이 변하는 페인트

전기적 신호가 가해졌을 때 특정 물질의 색깔이 변했다가 다시 제 상태로 돌아오는 현상을 일렉트로크로미즘(electrochromism)이라고 합니다. 그래서 이런 현상을 가진 물질을 사용하면 전기를 가했을 때 색깔이 변했다가 다시 원래 상태로 돌아오는 페인트를 만들거나 밝은 정도를 조절할 수 있는 창문을 만들 수 있습니다. 이렇게 색이 변하는 페인트를 일렉트로크로믹 페인트(electrochromic paint)라고 하는데 이것이 바로 나노입자를 이용해 만든 첨단페인트입니다. 이런 제품들의 장점은 전기적 신호로 색이 바뀌게 해 주므로 이것을 응용하여 빛과 열이 통과하는 정도를 얼마든지 조절할 수 있다는 것입니다. 그렇다면 〈007〉 영화에 나오는 것처럼 자동차의 색과 창문 색을 자유자재로 바꾸는 것도 가능하게 되지 않을까요?

자동차를 구입할 때 가장 고민하는 것 중의 하나가 아마도 색깔일 것입니다. '무슨 색을 골라야 할까?' 하는 즐거운 고민. 하지만 자동차의 왕, 헨리 포드가 처음 자동차를 대중화해서 생산했을 땐 그런 고민이 없었습니다. 당시 자동차는 모두 검은색이었으니까요. 불과 100년이 지난 지금에는 여러 색깔의 자동차가 나와 소비자들을 즐거운 고민에 빠지게 만들고 있습니다.

그런데 최근 나온 보도에 의하면 스위치 하나로 자동차의 색을 마음대로 바꿀 수 있게 될 날도 그리 멀지 않을 것 같습니다. 최근 한 일본의 자동차 회사에서 파라마그네틱 산화철(paramagnetic iron oxide) 나노입자를 이용해서 페인트를 만들었다고 합니다. 이들은 자동차의 차체에 나노입자가 포함된 고분자 페인트를 사용하여 자동차에 전기자극을 주면 색깔을 바꾸었다가 전기자극이 멈추면 원래의 색깔로 돌아오는 자동차를 개발하고 있습니다.

이는 페인트 안에 들어 있는 미세한 나노입자에 전자기장을 걸면 산화철 입자들의 간격이 달라져서 반사하는 빛의 파장을 다르게 해 보이는 색이 변하는 원리입니다. 물론 자동차의 몸체는 도체이기 때문에 전자기장을 가하면 그로 인해 자동차의 색깔이 쉽게 변하게 된다는 것이지요. 그렇기 때문에 전자기장의 강도를 조절해서 흰색의 기본 색상에서 여러 가지 다른 색으로의 전환이 가능하다는 것입니다. 가령 멀리서도 리모컨 하나로 페인트에 전기적 신호를 주어 산화철 입자들의 간격을 조절해서 자동차의 색을 바꿀 수 있다는 것입니다. 이 회사에서는 아직은 공상 과학 영화처럼 들리는 이 특수 페인트 도장 기술을 곧 자동차에 적용하는 시범을 보일 것이라고 합니다.

그런데 이 기술이 성공하기 위해선 우선 해결되어야 할 몇 가지 문제점들이 있습니다. 그것은 바로 자동차를 만질 때 감전의 위험이 있다는 것입니다. 왜냐하면 자동차의 색깔을 변하게 하는 주요소인 페인트 속 산화철 입자들의 간격을 유지하기 위해서는 자동차에 항상 미세한 전류가 흐르고 있어야 하기 때문입니다. 그리고 또 다른 문제점은 모든 자동차에 이러한 페인트를 사용하게 될 경우, 자동차의 시동을 끄면 자동차가 흰색으로 변하게 된다는 점입니다. 대형 주차장에 있는 차들이 온통 흰색이라고 생각해 보세요. 자신의 차를 구별하기가 매우 어렵게 될 것이라는 문제점도 생각해 볼 수 있습니다.

어찌되었든 이렇게 미세한 나노입자에 전자기장을 걸면 미세입자들의 간격이 변해 그 색깔과 반사성이 바뀌게 되는 원리를 이용하면 색이 바뀌는 페인트뿐만 아니라 여러 가지 잉크 제품을 만들 수 있어서 활용 범위가 더욱 넓어질 것입니다. 이런 전반적인 기술을 일렉트로 크로믹 페인트와 코팅 기술이라고 부릅니다.

이 밖에도 전기에 의해 색이 변하는 일렉트로크로미즘을 이용해 전기 신호를 주면 색이 변하는 유리인 '스마트 유리'도 있습니다. 이런 유리 제품은 이 글라스(e-glass), 혹은 스위처블 글래스 (switchable glass)라고도 부르는데 이는 스위치만 누르면 통과하는 빛이나 열의 양을 조절해 주기 때문에 생긴 이름입니다. 이들은 전기적 신호가 가해지면 색이 가장자리부터 안쪽으로 불투명해지는데 어떤 물질이냐에 따라 색이 변하는 데 드는 시간이 수 초에서 수 분까지 걸립니다.

스마트 유리는 투명한 색에서 약간 불투명한 색이나 아주 짙은 색으로 변해 외부의 시선을 차단해 줍니다. 뿐만 아니라 건물 유리에 적용할 경우 선택적으로 선글라스 효과를 내어 냉난방이나 조명에 드는 비용과 에너지를 크게 줄일 수 있습니다. 게다가 창문에 일일이 블라인드나 커튼을 달지 않아도 되니 그 비용까지 절약할 수 있는 셈이지요. 이런 스마트 유리를 이용해 창문을 만들면 빛과 열을 조절할 뿐만 아니라 불필요한 자외선을 막아 주기 때문에 더욱 좋습니다. 스마트 유리에 사용되는 대표적인 일렉트로크로믹 물질 가운데는 폴리아닐린(polyaniline)이 있는데 이는 아닐린을 산화시켜 만든 것입니다. 여기에 전기적 신호를 주면 흐린 노랑에서 진한 녹색이나 검은색으로 변하는데 이는 폴리아닐린 고분자의 산화 정도에 따라 색이 차이가 나기 때문입니다.

또한 최근에는 아크릴 판에도 여러 가지 코팅 화합물을 써서 같은 효과를 낼 수 있는 제품들이 생산되고 있습니다. 예를 들어 비행기 내부의 창은 투명한 아크릴 판으로 되어 있는데 그 위에 특별한 화학 염료로 코팅을 하면 스위치 하나로 전기 자극을 줄 경우 투명 창이 불투명하게 변해 눈부심을 막아 줍니다. 이 스마트 창문은 이미 실제 비행기에 적용이 되고 있습니다. 항공기 중 최신 보잉 787 드림 라이너 여객기가 그 예입니다. 이 비행기는 실내에 스마트 창문을 사용해 눈부심을 방지하니 승객들이 일일이 덮개를 올렸다 내렸다 할 필요가 없는 것이지요. 또한 미국항공우주국에서는 새롭게 만들 우주선에 스스로 색이 변하는 창문을 사용하려 하고 있다고 합니다.

이외에도 텅스텐 옥사이드 입자를 재료로 전기적 신호에 따라 색이 바뀌는 스마트 유리를 만들 수 있는데 이것을 자동차 창문에 이용하면 스위치 하나로 순간 투명한 유리에서 불투명한 유리로 변해 내부가 보이지 않게 할 수 있습니다. 햇빛을 차단하거나 내부가 잘 보이지 않게 하기 위해 차 유리에 선팅을 하는데 너무 짙은 색으로 하게 되면 오히려 안전 운전에 방해가 됩니다. 따라서 그때그때 스위치 하나로 자동차 유리의 투명도를 조절할 수 있는 똑똑한 유리가 개발되고 있는데 실제 페라리나 마이바흐와 같은 초고가의 자동차들은 이런 일렉트로 크로믹 유리로 만들어진 선루프를 선택 사양으로 내놓고 있습니다. 워낙 고가의 차량이다 보니 직접 타서 확인해 보지는 않았지만 어쨌든 운전자가 원하는 순간에 선루프의 밝기를 선택적으로 조절할 수 있다고 합니다.

색이 변하는 페인트의 네 번째 원리는 자성을 이용해 색을 변하게 하는 것으로 마그네토크로메틱 페인트(magnetochromatic paint)라고 부릅니다. 이는 특정 물질의 자기적 성질을 외부자기장에 의해 변화시켜 물질의 색깔을 바꾸는 현상인 마그네토크로미즘(magnetochromism)을 이용해 만든 페인트입니다.

보통의 페인트는 염료의 색소 때문에 색이 나는데 자성을 이용해 색을 변하게 하는 페인트는 색소 때문이 아니라 빛의 간섭효과에 의해 색이 결정됩니다. 이 페인트에 자기장을 걸면 색이 순간적으로 바뀌는데 이는 그 안에 주기적으로 배열된 입자들의 방향이 바뀌어서 색이 다르게 보이는 것입니다. 이는 나비, 딱정벌레 혹은 새가 빛의 간섭효과에 의해 다른 색을 띠는 것과 같은 원리입니다. 이들은 빛을 어떻게 반사하느냐에 따라 색이 달라 보이거든요.

캘리포니아 리버사이드 대학교의 한 연구팀은 자장을 이용하여 순식간에 색을 바꿀 수 있는 새로운 신소재를 개발했다고 합니다. 이것을 이용하면 산업용 페인트 생산에 응용할 수 있으며 실용화에 성공한다면 기존 제품에 비해 품질이 월등히 좋은 페인트를 생산할 수 있을 것으로 보입니다.

이들 연구팀이 개발한 신소재는 마이크로미터 크기의 구슬 모양의 고분자 재료로, 그 안에 산화철(iron oxide)이라는 나노입자가 들어 있습니다. 너무 복잡하다고요? 그럼 구슬 모양의 고분자 재료가 초코볼

△ 여러 가지 각도로 빛을 반사시키는 나비의 날개. 다양한 각도로 반사된 빛들이 서로 간섭을 일으켜 우리 눈에 화려한 색으로 보이게 됩니다.
© chetranden

처럼 산화철을 감싸고 있다고 생각하시면 돼요. 여기에 자기장을 걸어 주면 그 안에 배열돼 있는 산화철의 방향이 달라져 색이 달라 보이는 것입니다.

처음에 연구팀은 우연히 물에 떠 있는 아주 작은 구슬들이 외부자기장에 의해 색깔이 변하는 재미난 현상을 발견했는데 그때는 이것으로 무엇을 만들 수 있을지 전혀 알지 못했다고 합니다. 하지만 그 후 수년간의 연구와 실험을 거쳐 실용성이 없어 보이던 이 물질로 자기장의 세기를 바꿔 주기만 하면 색이 변하는 신소재를 만들었습니다. 이 신소재는 색이 서서히 변했던 이전의 물질들과는 달리 자기장을 이용해 순간적으로 색을 바꿀 수 있을 뿐만 아니라 멀리서 리모트 컨트롤이 가능하고 기존에 있는 다양한 전자 재료하고도 쉽게 복합적으로 사용할 수 있다고 합니다.

자기장의 세기에 따라 색이 변하는 페인트의 가장 큰 장점은 색이 변하는 속도가 가장 빠르다는 것입니다. 앞서 살펴본 온도나 빛 그리고 전기에 의해 색이 변하는 페인트들이 색이 변하는 과정이 느리고 복잡한 것에 비하면 말이죠. 기존의 색을 바꾸는 페인트에 사용됐던 물질들은 외부자극에 의해 그 구조나 성질이 바뀌는 데 시간이 오래

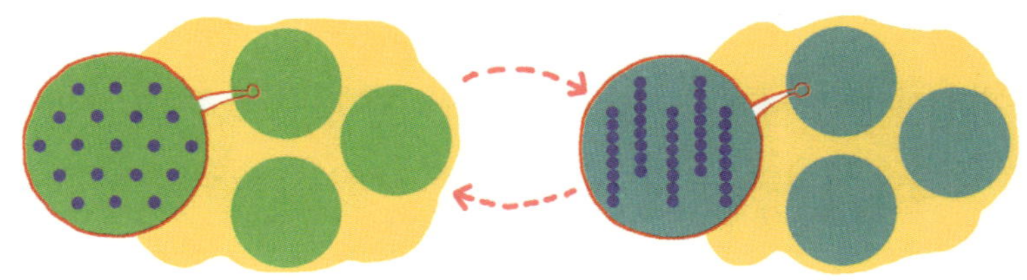

걸렸지만 이 새로운 고분자 재료는 자신의 구조나 성질이 바뀌지 않고 색이 순간적으로 바뀝니다.

이런 신소재로 새로운 종류의 페인트나 립스틱, 혹은 아주 큰 광고판 같은 것도 만들 수 있을 것이라고 연구팀은 전망하고 있습니다. 또한 일반 페인트에 들어가는 색소들은 독성이 있거나 환경에 나쁜 영향을 주는 것들이 많은데 이렇게 산화철을 포함한 신소재를 이용하면 안전하고 친환경적인 페인트나 잉크를 생산할 수 있다고 합니다. 뿐만 아니라 광고 포스터를 제작하더라도 한 번 쓰고 버리는 것이 아니라 여러 번 반복 사용할 수 있는 에너지 절약형 디스플레이어로도 사용이 가능할 것입니다.

지금까지 여러 가지 기능이 첨가된 놀라운 페인트들을 살펴보았습니다. 물론 어떤 것들은 당장 실용화가 가능하고 어떤 것들은 아직까지 가능성을 제시한 것에 불과하기도 합니다. 하지만 앞으로 더욱 발전하게 될 나노과학기술을 이용한다면 가까운 미래에 자유자재로 색깔을 바꿀 수 있는 페인트를 만들어 내는 것은 그리 어려운 일이 아닐 것입니다.

영화 〈007 시리즈〉에서나 나오던 색이 변하는 자동차를 향한 도전은 이미 시작됐습니다. 하지만 아직은 우리가 더 꿈꾸고 연구해야 할 점들이 많이 남아 있는 것도 사실인 것 같습니다. 앞으로 여러분이 해야 할 일들이 정말로 많다고 느껴지지 않으세요?

스스로 흠집을 없애는 페인트

오늘날에는 페인트가 색을 바꾸는 데 멈추지 않고 한 단계 더 나아가 아예 흠집이 난 부분을 스스로 없애고 원래 상태로 복구하는 페인트(self healing paint)로 진화하고 있습니다. 자동차에 흠집이 나면 정말 속이 상하고 수리센터에 맡기는 동안은 차를 쓸 수 없으니 번거롭기까지 합니다. 아무리 조심해서 차를 몰고 다닌다고 하더라도 주차 한번 잘못해 놓으면 여기저기 긁히고 흠집이 나곤 합니다. 또 요즘엔 세차를 할 때 자동세차기계를 이용하는 경우가 많은데 그렇게 되면 여기저기 잔 흠집이 생기기도 합니다. 게다가 누군가가 악의적으로 남의 차를 날카로운 것으로 긁어 놓는 일도 있지요. 그런데 생각해 보세요. 무언가에 긁혀 흠집이 난 자동차를 햇빛에 내어 놓기만 하면 알아서 원래의 상태로 돌아오는 신기한 페인트가 있으면 어떨까요?

우선 이 신기한 페인트의 원리를 이해하기 위해선 우선 자동차의 도색 과정을 먼저 알아야 합니다. 자동차는 우선 철판에 베이스를 칠하고 그다음 원하는 색상의 페인트를 입힙니다. 새 차를 보면 번쩍번쩍 윤이 나죠? 그건 자동차에 색을 칠한 뒤 그 위에 투명한 페인트로 코팅을 하기 때문입니다. 오래된 차일수록 광택이 나지 않는데 바로 이 코팅 부분이 닳았기 때문이죠. 차에 흠집이 나는 것은 이 투명한 코팅층이 벗겨지면서 자국을 남기는 것이랍니다.

그런데 일본의 한 자동차 회사에서 흠집을 스스로 없애는 페인트를 개발했다고 해서 주목을 받고 있습니다. 흠집을 없애 주는 페인트는 투명한 코팅 페인트에 새로 개발한 고분자 재료를 사용한 것입니다. 여기에 바로 나노과학기술이 사용되는데, 이 고분자 재료를 나노 혹은 마이크로미터 크기의 아주 미세한 캡슐에 넣는 기술이 필요합니다. 이렇게 미세한 캡슐 속에 들어 있는 투명한 코팅 물질이 건조되지 않은 상태로 있다가 자동차에 흠집이 생기는 동시에 캡슐에서 코팅층으로 터져 나오게 돼 있습니다.

여기에는 두 종류의 캡슐이 사용되는데 한 종류의 캡슐 속에는 코팅 재료로 쓰이는 고분자 재료가 들어가고 또 다른 캡슐에는 촉매제가 들어갑니다. 자동차에 흠집이 나게 되면 이 각기 다른 두 종류의 캡슐들이 터져 그 안에 들어 있는 촉매제와 건조되지 않은 고분자 재료가 흘러나오게 됩니다. 이런 식으로 무수히 많은 캡슐들이 동시에 터지면서 그 안의 물질들이 서로 섞이고 반응하여 자동차의 흠집 난 부분을 없애 주는 것입니다.

이렇게 캡슐에서 터져 나온 폴리머 물질은 일정 시간 햇빛에 노출되면 그 물질의 배열이 재구성되면서 흠집이 나서 벗겨진 부분, 즉 끊어진 폴리머 배열을 재구성하게 됩니다. 이렇게 되면 자동차의 흠집은 눈으로 보이지 않을 만큼 회복된다고 합니다. 이러한 특수한 폴리머가 들어 있는 코팅제는 약 3년 정도 지속 효과가 있습니다.

자동차의 흠집이 없어지는 데는 상태가 얼마나 심한가에 따라 다르지만 보통 하루에서 일주일 정도가 걸린다고 합니다. 이렇게 스스로 흠집을 없애는 페인트는 이제 막 상용화된 단계입니다. 앞으로는 자동차뿐만 아니라 비행기의 날개, 건물, 교량 등에 이르기까지 두루

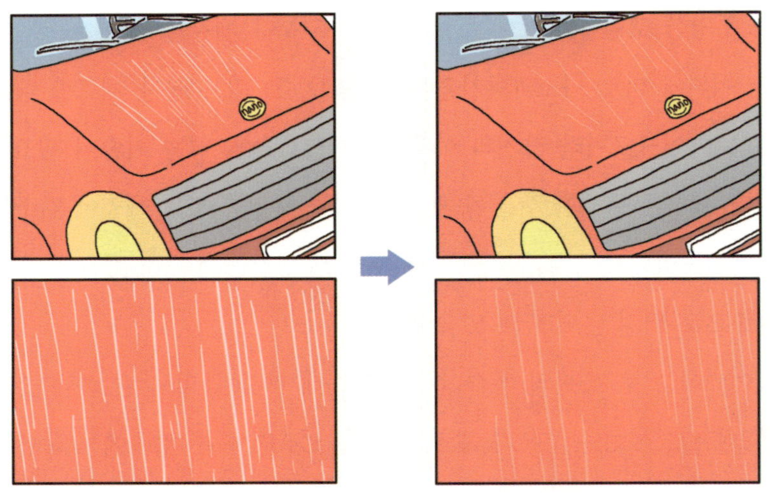

△ 스스로 흠집을 없애는 페인트로 칠한 차. 햇빛을 받아 일주일 만에 흠집이 없어집니다.

사용되겠죠. 그렇게 된다면 똑똑한 페인트 덕분에 많은 시설물의 유지 보수에 드는 막대한 시간과 비용을 절감할 수 있을 것입니다.

지금까지 살펴본 것처럼 놀라운 페인트를 생산하는 것은 이제 시간문제입니다. 카멜레온처럼 색이 변하는 페인트를 이용하면 기분에 따라 혹은 그날 의상에 따라 자동차의 색을 자유자재로 바꿔 탈 수 있게 될 것입니다. 그렇다면 자동차 한 대로 몇 대의 효과를 낼 수 있겠죠?

또한 자동차의 흠집이 난 정도로 번거롭게 자동차 공업사를 찾아갈 일도 없게 될 것입니다. 카멜레온처럼 색을 바꾸고 자동차의 흠집 정도는 자동으로 없애 줄 똑똑한 페인트를 여러분께서 한번 완벽하게 완성해 보지 않으실래요?

나노과학기술을 이용한 페인트의 또 다른 연구는 미국 국방성에서 활발히 이루어지고 있습니다. 미국 육군은 장갑차나 탱크, 비행기 등의 군사 용품에 녹이 스는 문제 때문에 우리 돈으로 연간 10조 원이 넘는 어마어마한 돈을 쓰고 있습니다. 일단 무기에 녹이 슬게 되면 녹이 슨 부분을 걷어 내고 다시 칠을 해야 하는데 많은 시간과 비용이 들 뿐만 아니라 그 과정에서 인체에 매우 위험한 클로린이라는 용액을 사용해야 하는 문제가 있습니다.

이 문제를 해결하기 위해서 미국 국방성은 뉴저지 기술 대학교와 공동으로 혁신적인 코팅제를 개발하고 있습니다. 이 코팅 재료는 녹이 스는 것을 방지할 뿐만 아니라 다시 페인트를 덧칠해야 하는 번거로움을 없앤 스마트 페인트라고 합니다. 이 페인트는 몸체에 흠집이나 균열이 생기면 문제점을 탐지하여 그 부분을 자동적으로 메우는 기능을 할 뿐만 아니라 원하는 경우 기존의 색깔까지 바꿔 준다고 하니 정말 똑똑하지요?

보통 탱크나 장갑차가 녹이 스는 이유는 물이 페인트 밑으로 들어가서 금속을 부식시키기 때문인데 스마트 페인트는 이런 문제점을 원천 방지해 준다고 합니다. 페인트를 칠한 표면에 일단 균열이 생기면 센서가 이를 감지하여 부식이 생기기 전에 문제점을 미리 해결하는 것이죠. 그러기 위해 우선 페인트는 전기가 통하지 않으니 폴리머라는 고분자 재료 안에 탄소나노튜브를 잘 섞어서 전기가 통하게 만들어 줍니다. 그다음 페인트가 들어 있는 마이크로 크기의 캡슐을 폴리머에 첨가하여 줍니다. 이렇게 만들어진 스마트 페인트를 탱크에 칠하면 나중에 균열이나 흠집이 생길 경우 캡슐 안에 들어 있는 페인트가 터져 나와 알아서 흠집을 메워 준다는 것입니다.

한마디로 페인트 표면에 금이 가면 전기적 특성이 변하여 그 안에 들어 있는 센서가 이를 감지하게 되고 그렇게 되면 안에 들어 있던 캡슐이 터져 나와 균열이 난 부분에 새로운 페인트를 덧칠하게 되는 것이지요. 게다가 이 페인트는 전기적 신호에 민감한 재료를 첨가하여 만들었기 때문에 탱크의 색을 바꾸길 원한다면 다시 새로 칠을 할 필요 없이 전기 신호를 주어 탱크 전체의 색도 다른 색으로 바꿀 수도 있다고 합니다.

연구팀에 의하면 이 페인트를 개발하는 데 필요한 모든 구성요소는 이미 갖춰져 있지만 실용화하는 데 몇 가지 문제점들이 남아 있다고 합니다. 첫째는 전기적 신호에 잘 반응하도록 하기 위해 페인트 속에 탄소나노튜브를 고르게 퍼져 있게 만들어야 한다는 점입니다. 둘째는 탄소나노튜브에도 여러 종류가 있는데 그중에서도 전기가 잘 통하는 탄소나노튜브만을 가지고 페인트를 만들어야 한다는 점입니다. 탄소나노튜브의 가격이 1킬로그램에 수백만 원에서 수억 원을 호가한다는 경제성의 문제점도 극복해야 할 과제로 남아 있습니다.

어찌되었거나 미국 국방성과 뉴저지 기술 대학교가 공동개발하고 있는 이 혁신적인 페인트는 미국에서 2009년 토마스 에디슨 특허상을 수상하는 영예를 안았습니다.

청소가 필요 없는 집

‘화장실 청소 도구 모두 없애도 좋을 듯. 나노과학기술 덕분에 스스로 청소하는 변기가 나올 전망’이라는 흥미로운 기사가 미국의 한 과학 잡지에 실렸습니다. 아무런 청소도구를 사용하지 않고 스위치 하나만 켜면 알아서 화장실이 깨끗하게 청소가 되는 날이 곧 올 것이라는 것입니다. 너무 황당한 것 아닌가 하는 생각이 들었지만 그야말로 귀가 솔깃한 이 일을 현실로 만들기 위해 구체적인 연구가 진행 중이라는 사실이 무척이나 고무적입니다.

이른바 셀프 크리닝 화장실(self cleaning toilet)의 비밀은 화장실 변기의 표면을 특수한 성분으로 코팅하는 데 있습니다. 이 변기의 코팅 재료로는 이산화티타늄이라는 나노입자가 사용됩니다. 화장실의 스위치를 켜면 변기 표면에 코팅이 되어 있는 나노입자들이 빛에 의해 활성화 되어 스스로 변기를 깨끗하게 청소한다고 합니다. 빛이 나노입자에 닿으면 공기와 수증기와 반응하여 그 위의 불순물을 빠른 속도로 분해하는 원리를 이용한 것입니다. 하지만 이렇게 스스로 청소하는 변기가 나오기 위해서는 우선 해결해야 할 연구 과제가 있습니다. 이산화티타늄은 자외선에서만 반응을 하는데 이 나노입자를 변형하여 실내등에도 반응하도록 하는 연구가 현재 오스트레일리아 시드니에서 진행 중입니다.

이 연구가 성공하기만 한다면 실내등 하나로 변기뿐만 아니라 집 안 구석구석이 자동적으로 청소되는 혁신적인 제품을 생산할 수 있게 될 것입니다. 태양으로부터 나오는 자외선은 가시광선보다 파장이 짧고 더 높은 에너지를 가지고 있습니다. 태양 대신 실내등으로 먼지나 불순물을 분해하도록 하기 위해서는 이산화티타늄이 실내등에서 나오는 가시광선처럼 더 낮은 에너지에도 활성화될 수 있도록 해야 하는데 이것이 쉬운 일이 아닙니다.

가사노동의 큰 부분을 차지하는 청소. 꼭 해야 하는 일이지만 그런 만큼 또 청소를 즐겨 하는 사람은 아마 드물 겁니다. 청소를 하기 위해서 얼마나 많은 시간과 에너지 그리고 돈이 드는지 종일 나오는 광고 가운데 청소와 관련된 것이 얼마나 많은지만 봐도 쉽게 알 것입니다. 상점에 가 봐도 청소 용품은 왜 그리 많은지……. 기능도 모양도 제각각인 세제와 항균 제품, 탈취제 등이 정말 많습니다. 그런데 이런 획기적인 나노 코팅 기술이 실용화 된다면 그 많은 청소용품들이 상점에서 사라질 날이 올 수도 있습니다. 이것은 일반 생활의 변화만을 가져오는 것이 아니라 산업 전반의 변화를 뜻하는 놀라운 기술이 될 것입니다. 게다가 사용 후 분해되는 오랜 과정을 거쳐야 하는 화학 성분의 세정제를 아예 사용하지 않아도 되니 환경 오염을 크게 줄일 수 있습니다.

청소를 안 해도 되니 수고스럽지 않을 뿐 아니라 먼지, 곰팡이, 박테리아까지 없애 주고 환경 오염까지 줄일 수 있다니 이게 일석 몇 조의 효과인지 모르겠네요. 이 기술은 비단 가정에서뿐만 아니라 병원이나 공중 화장실 등 공공시설의 청결을 유지하는 데 획기적인 방법이 될 것입니다.

아직 이 기술을 실내에서 쓰게 되기에는 자외선이 아닌 실내등으로 활성화되도록 해야 하는 기술적 과제가 남아 있습니다. 그러나 자외선이 있는 야외에서는 이 기술이 이미 활발하게 사용되고 있습니다. 화학 공학 전문가들이 이산화티타늄을 이용해 건물들이 공해로 인해 색이 변하는 것을 방지하는 법을 개발했기 때문입니다.

유럽을 여행하다 보면 고색창연한 궁궐과 성당 등을 많이 볼 수 있습니다. 유럽의 역사를 고스란히 간직한 대성당은 워낙 크기 때문에 한쪽에서는 보수 중인 경우가 많습니다. 이런 건물을 유지 보수를 하는 데 엄청난 비용이 소모되는데 공해에 의해 색이 변하고 때가 타는 것만이라도 막을 수 있다면 한시름 놓겠죠? 해서 로마의 명소로 불리는 여러 교회에 이미 이 기술이 적용되어 건물의 오염을 막고 있다고 합니다. 또 가깝게는 일본 도쿄의 경제 심장부로 불리는 마루노우치 빌딩가에도 이산화티타늄으로 코팅된 빌딩들이 들어서 있습니다.

이산화티타늄은 빛과 물에 노출이 되면 공해와 때에 들어 있는 유기 분자를 분해한 후 그것을 다시 공기 중에 날려 보냅니다. 이렇게 이산화티타늄의 성질을 이용해 높은 건물을 코팅하면 스스로 청소

△ 이산화티타늄으로 코팅된 빌딩.
© UTD

가 되고 건물이 공해에 의해 색이 바래는 문제를 해결할 수 있습니다.

　이렇듯 이산화티타늄이 다목적의 클리너로 사용되는 이유는 두 가지 성질 때문입니다. 첫째, 이산화티타늄은 빛에 예민하게 반응합니다. 이산화티타늄은 빛을 받으면 수증기와 공기와 반응을 해서 유기 물질을 분해하는데 이런 현상은 식물이 빛을 이용해서 광합성을 하면서 이산화탄소를 분해하고 산소를 만들어 내는 것과 같은 원리입니다. 이처럼 이산화티타늄은 빛을 이용해서 기름때나 박테리아를 분해하여 공기 중에 날아갈 수 있는 물질인 이산화탄소나 수소 등 다른 부산물로 만들어 내는 것입니다.

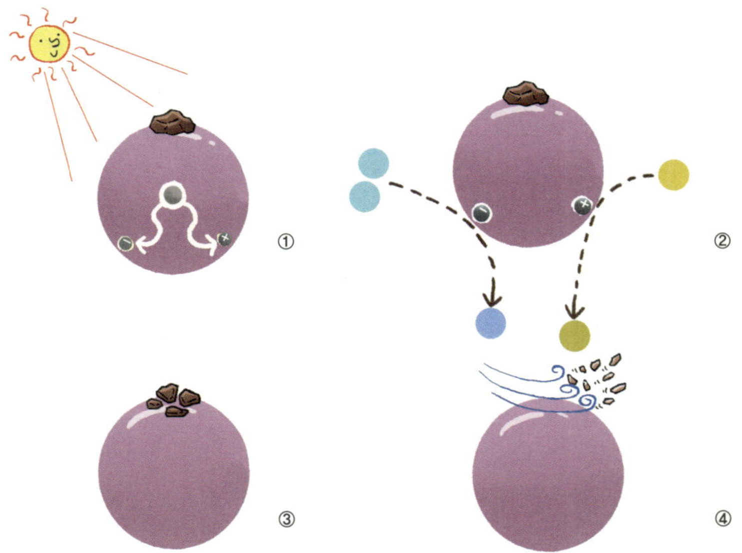

△ ① 이산화티타늄 입자가 자외선을 받으면 전자와 정공이 발생됩니다. ② 발생된 전자와 정공에 의해 공기와 수증기가 반응합니다. ③ 이산화티타늄 입자에 붙어 있던 불순물이 분해됩니다. ④ 분해된 불순물이 날아갑니다.

이산화티타늄처럼 빛을 받아들여 화학 반응을 촉진시키는 물질을 광촉매라고 하고, 이 화학반응을 광화학반응이라고 합니다. 이산화티타늄에 의한 효과는 1967년 2명의 일본인 과학자에 의해 증명되었고 환경 문제 해결에도 도움이 되는 기초 기술로 실용화되기 시작했습니다. 이산화티타늄은 유해 물질을 산화하고 분해하는 기능을 이용해 오염을 제거하고 항균, 탈취를 하는 제품에도 이용됩니다.

이산화티타늄은 두 번째 성질은 친수성, 즉 물을 좋아하는 성질입니다. 물을 좋아해서 물을 잡아당기는 성질을 가지고 있기 때문에 이미 분해된 이물질들이 물에 흡수되어 물과 함께 세척되어 나가는 것입니다. 이와 같은 2가지 성질 때문에 이산화티타늄은 스스로 깨끗해지는 효과가 있는 유리, 타일, 청소기, 공기 청정기, 냉장고, 도로포장, 커튼, 벽지 등 다양한 제품에 적용되기도 합니다.

뿍~
뿍~
nano

어머니들의 수고를 덜어 줄 더러워지지 않는 창문은 이미 특허가 출원되어 시판 중입니다. 더러워지지 않는 창문은 위에서 살펴본 광촉매와 친수성을 이용해서 만든 것입니다. 나노과학기술을 이용해 유리창에 자외선에 반응하는 광촉매 물질과 친수성 물질을 함께 코팅하면 더러워지지 않는 창문을 만들 수 있습니다. 이렇게 코팅된 창문에 자외선이 닿으면 창문 유리에 붙어 있던 더러운 찌꺼기들이 천천히 분해되어 때가 타지 않습니다. 이는 이산화티타늄이 자외선에 의해 전자와 정공을 발생시키고 이 전자와 정공이 공기 중의 산소와 물을 변화시킵니다. 이렇게 변화된 물질이 불순물과 화학 작용을 일으켜 불순물을 분해시키는 것입니다. 특히 자외선은 심지어 그늘에도 많기 때문에 매일 어떤 환경과 조건에서도 창문이 깨끗하게 유지될 수 있다는 장점이 있습니다.

이렇게 분해된 불순물 찌꺼기는 유리창 위에 남지 않고 비에 의해 제거됩니다. 물질들은 대부분 물하고 사이가 나쁜 소수성이나 물을 좋아하는 친수성을 띠는데, 더러워지지 않는 창문은 친수성 소재로 코팅이 되었기 때문에 물방울을 모이지 않게 하고 퍼지게 해 줍니다. 해서 표면이 젖으면 물방울이 맺히는 대신 엷은 막을 만들어서 분해된 불순물을 끌어들여 함께 떨어져 나가는 원리입니다. 어때요? 자외선으로 불순물을 분해해 주고 분해된 불순물이 물과 함께 떨어져 나가 스스로 깨끗해지는 창문만 있다면 청소 걱정은 필요 없겠죠?

△ ① 이산화티타늄 입자가 코팅된 창에 때가 끼었습니다. ② 자외선에 의해 창에 끼어 있던 때가 분해됩니다. ③ 분해된 때가 비와 함께 씻겨 내려갑니다.

이렇듯 창문에 광촉매와 친수성을 가진 이산화티타늄 나노입자를 코팅하기 위해서는 처음 유리를 만들 때 뜨거운 상태에서 유리와 이산화티타늄을 혼합해 주는 고도의 기술이 필요합니다. 이렇게 생산된 제품은 코팅과 유리가 한 몸을 이뤄 접착력이 좋아지고 코팅이 쉽게 벗겨지지 않고 오래 갑니다.

더러워지지 않는 창문의 비밀을 이제 아셨죠? 이 특수 코팅된 창문은 그 효과가 영구적입니다. 게다가 비가 오더라도 창문이 빨리 건조되고 물방울이나 흐르는 자국이 남지 않게 됩니다. 오히려 비만 오면 더러움이 말끔히 씻기는 투명하고 깨끗한 창문이 되는 거지요.

비가 오거나 습한 날 운전을 하면 자동차 앞 유리가 뿌옇게 되서 시야가 좋지 않고 답답함을 느끼게 되지요? 이렇게 앞이 잘 보이지 않게 되는 이유는 차가운 자동차 유리의 표면이 덥고 습한 공기를 만나게 되면 수천 개의 작은 물방울이 응집되어 빛을 산란시키기 때문이랍니다.

그런데 나노과학기술을 이용하면 유리가 뿌옇게 되는 문제점을 영구적으로 해결할 수 있는 방법이 있습니다. 그중 메사추세츠 공과 대학교 연구팀이 개발한 한 가지 방법을 소개하자면, 실리카 나노입자를 이용하여 유리나 플라스틱 위에 코팅을 하는 것입니다. 이렇게 실리카 나노입자가 들어 있는 고분자 재료로 특수한 코팅을 하게 되면 그 표면이 친수성 표면이 되어 물방울이 표면에 모이지 않고 퍼지기 때문에 더 이상 빛을 산란시키지 않게 됩니다. 또한 자동차 유리를 나노입자로 코팅을 하게 되면 자동차 유리가 뿌옇게 되는 것을 방지 할 수 있을 뿐만 아니라 빛의 반사를 줄여 주는 효과도 있습니다. 이 때문에 태양 전지의 패널이나 농사를 짓는 온실 등에 설치하면 빛을 매우 잘 통과시켜 에너지 효율을 크게 높여 주는 장점도 있습니다.

이 기술은 몇 년 내에 상용화 될 것으로 보이는데 일반 안경이나 헬멧에 달린 안경,

실리카
규소와 산소의 화합물. 이산화규소라고도 한다.

태양 전지
태양의 빛 에너지를 전기로 바꾸는 장치. 반도체를 이용해 전기를 일으킨다.

스키 고글, 카메라 렌즈, 화장실 유리나 자동차 유리등에 적용될 수 있을 것입니다. 특히 전시에 운전을 할 때 창문에 습기가 차면 전투력에 직접적인 영향을 주기 때문에 미국 국방성에서도 이 기술에 큰 관심을 가지고 연구를 지원하고 있습니다.

지금까지는 유리 표면이 습기 때문에 뿌옇게 되는 것을 막기 위해 스프레이 제품 등이 나왔었는데 이는 자주 뿌려 줘야 하는 번거로움이 있었습니다. 하지만 이렇게 나노입자로 코팅을 한 유리가 상용화된다면 이런 번거로움은 이제 사라질 것입다. 이 새로운 코팅 기술은 효과가 안정적이고 영구적이며 이것을 위해 별도의 장비가 필요한 것도 아니어서 간편합니다. 또 유리건 플라스틱이건 그 어떤 표면에도 적용할 수 있는 데다가 한번 코팅된 제품은 더욱 투명해 보이고 더 많은 빛을 통과시켜 주며 그 표면도 항상 깔끔하게 유지되는 장점도 있습니다.

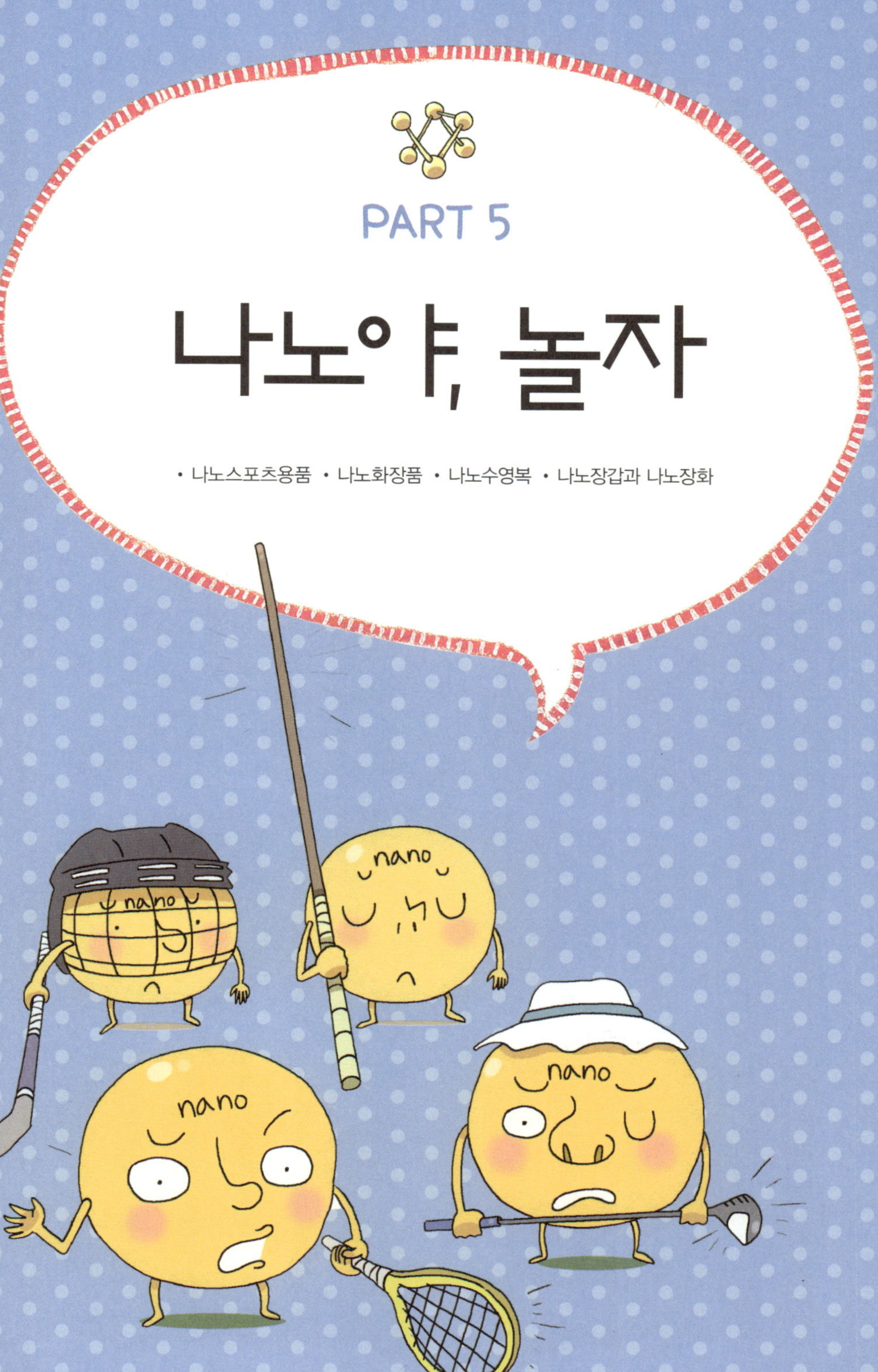

PART 5
나노야, 놀자
• 나노스포츠용품 • 나노화장품 • 나노수영복 • 나노장갑과 나노장화
nano
nano
nano
nano

나노스포츠용품

나노과학기술로 무장한 스포츠용품

'스포츠는 과학이다'라는 말이 있을 정도로 오늘날의 스포츠는 과학과 밀접한 연관이 있습니다. 선수 개인의 기량만으로 올림픽 금메달을 따던 시대는 지났습니다. 과학적인 훈련과 관리 그리고 여기에 선수들의 경기력 향상에 영향을 미치는 스포츠용품들이 경쟁적으로 개발되고 있습니다. 이제 올림픽은 첨단 과학 기술이 적용된 스포츠용품들의 경연장이라고 해도 과언이 아닙니다.

그 가운데 물론 나노과학기술로 무장한 스포츠용품이 있습니다. 나노과학기술로 성능이 향상된 신소재는 아이스하키 스틱, 골프채, 테니스라켓, 스키, 경주용 자전거, 장대높이뛰기의 장대, 골프공, 테니스공 등 이루 셀 수 없이 많은 스포츠용품들의 재료로 사용되고 있습니다.

이렇게 신소재로 만들어진 스포츠용품들은 더욱 강하지만 가볍고 내구성이 좋아 선수들이 좋은 성적을 내는 데 큰 도움을 주고 있습니다. 그럼 이 가운데 몇 가지 용품들을 예로 들어 그 안에 어떤 과학적 원리들이 숨어 있는지 자세히 알아보겠습니다.

아이스하키 스틱

동계 스포츠로 각광받고 있는 아이스하키는 빙상에서 6명으로 구성된 두 팀이 스틱으로 퍽을 쳐서 상대 팀의 골대에 골을 넣는 스릴

넘치는 게임입니다. 잦은 선수 교체가 허용될 만큼 체력소모가 심하고 몸으로 부딪치는 몸싸움이 허용되는 경기이므로 스틱이 부러지는 일도 많습니다.

아이스하키 스틱을 나노과학기술로 만드는 가장 대표적인 것이 바로 탄소나노튜브를 이용한 것입니다. 탄소나노튜브는 놀랍도록 강하지만 가볍다는 특성을 가지고 있습니다. 바로 이런 탄소나노튜브의 성질을 이용하면 기존의 아이스하키 스틱보다 가볍고 얇지만 더욱 강하고 오래 쓰는 스틱을 만들 수가 있습니다. 탄력이 좋은 스틱은 정확하고 강한 슛을 쏘는 데 필수조건이고 이렇게 가볍고 강한 재질의 스틱을 쓰게 되면 그만큼 선수들이 기량을 발휘하는 데 탁월한 효과가 있습니다.

미국 텍사스 주 댈러스에 과학과 스포츠 산업과의 결합을 보여 주는 좋은 예가 있어 소개하고자 합니다. 자이백스라는 한 나노과학기술 회사에서 탄소나노튜브가 포함된 새로운 복합재료 에폭시를 만드는 데 성공을 했고 이 신소재를 가지고 유명 스포츠용품 제조회사에서 탄소나노튜브 아이스하키 스틱을 생산해 낸 것입니다.

에폭시는 열경화성 플라스틱(열을 가할수록 단단해지는 플라스틱)의 하나로 물과 날씨 변화에 잘 견디고, 빨리 굳으며, 접착력이 강합니다. 접착제, 강화 플라스틱, 주형, 보호용 코팅 등에 주로 사용합니다.

보통 하키 스틱을 만들 때 기본적으로 에폭시에 다른 첨가 물질, 즉 탄소 섬유와 유리 섬유를 섞어 만드는데 이들은 이런 일반 첨가물질 대신 탄소나노튜브를 첨가하여 아이스하키 스틱을 만든 것입니다.

앞서 말한 대로 탄소나노튜브는 철이나 스테인리스 스틸보다 인장 강도(잡아당겼을 때 견딜 수 힘)가 8배나 크고 구리 보다 5배나 더 열을 잘 통하는 성질을 가지고 있습니다. 이런 탄소나노튜브의 성질을 이용하면 바탕 재료의 기계적, 전기적, 열적 특성을 높일 수 있기 때문에 훨씬 더 강하고 단단한 아이스하키 스틱을 만들 수 있습니다.

일반적으로 좋은 복합재료를 만들기 위해서는 바탕재료와 첨가물이 잘 혼합되어야 하는데 특히 첨가물이 골고루 잘 섞이고 바탕재료와 잘 결합되어야 신소재로서의 합격점을 얻을 수 있습니다. 다시 말해 나노과학기술을 이용해 개발한 아이스하키 스틱의 성공 요인은 탄소나노튜브가 포함된 재료가 기본의 바탕재료에 얼마나 잘 섞일 수 있느냐에 달린 것입니다. 이에 새로운 아이스하키 스틱을 개발하던 사람들은 탄소나노튜브의 표면을 특수화학처리해서 분산이 잘되고 바탕 재료와 결합이 잘되도록 하였습니다. 또 바탕재료와 첨가제 사이에 나 있는 미세한 구멍을 탄소나노튜브가 메워 줘 복합재료의 약점을 보강시켜 주도록 한 것입니다.

스위스에서는 또 다른 나노과학기술을 이용하여 아이스하키 스틱을 만들었는데 이것은 이음새가 전혀 없는 아이스하키 스틱인 것이 특징입니다. 스위스 연구팀은 나노 크기의 특수한 유기물 입자를 포함한 아랄다이트 나노텍 레진을 기존의 아이스하키 재료에 섞어 사용했습니다. 아이스하키는 경기 중 스틱끼리 부딪쳐서 스틱이 부러지는 경우가 많은데 이를 방지하기 위해서 아이스하키 스틱을 이음새가 전혀 없게 만든 것이 이들의 자랑이라고 합니다.

제작원리를 간단하게 말씀드리자면 기본재료인 탄소섬유와 유리섬유를 머리카락 땋듯이 꼬아서 중간축으로 삼고 나노유기물질이 첨가된 레진으로 이를 빈틈 없이 채워 이음새 없는 스틱을 만든 것입니다. 이런 새로운 나노과학기술로 탄생된 아이스하키 스틱은 부러지지 않고 오래 쓸 수 있는 장점이 있어서 경기력 향상에 도움을 준다고 합니다.

이 아이스하키 스틱은 2009년 월드 아이스하키 챔피언십에 나노 4(Nano IV)라는 이름으로 처음 선보인 이래 현재 스위스 아이스하키 국가 대표팀에서 사용하고 있다고 합니다. 앞으로 동계 올림픽에서 나노과학기술로 무장한 스위스 국가 대표팀이 금메달을 딸 수 있을지 지켜보는 것도 재미있겠습니다. 이쯤 되면 과학을 잘하는 나라가 스포츠 강국이라는 말이 생길 만하겠지요?

골프채

박세리 선수 이래 최경주, 양용은, 신지애 선수 등 세계 골프 정상에 우뚝 선 자랑스러운 한국의 선수들. 이제는 너무 많아서 그 이름을 일일이 열거하기도 힘이 들 정도입니다. 골프는 이제 보고 즐기는 스포츠에서 직접 즐기는 스포츠로 많은 이들의 사랑을 받고 있습니다. 물론 아직까지 비용이 너무 많이 드는 스포츠이기는 하지만요.

골프채를 살펴보면 크게 세 부분으로 구성되어 있는데 헤드(공을 치는 부분), 그립(손잡이), 샤프트(헤드와 그립을 잇는 부분)입니다. 많은 사람들이 공이 직접 닿는 헤드가 가장 중요하다고 생각하는데 사실은 골프채에 있어서 가장 중요한 것이 바로 샤프트입니다. 현재 스틸 샤프트와 그래파이트 샤프트가 주로 사용되고 있는데 여기에 나노과학기술이 첨가된 샤프트가 등장한 것입니다.

나노과학기술로 만들어진 골프 샤프트는 우리가 현재 사용하고 있는 샤프트 위에 나노입자가 포함된 물질로 코팅을 한 제품이라고 생각하시면 됩니다. 이런 신기술 골프채는 이미 미국과 일본에서 개발되어 조심스럽게 소비자들의 마음을 두드리고 있습니다.

일반 골프채의 단면도를 보면 표면에 미세한 구멍들이 많이 나 있습니다. 그런데 이 샤프트를 나노물질로 코팅을 하면 나노 크기의 입자들이 골프채의 아주 미세한 빈 공간들을 채워 주기 때문에 샤프트가 휨이 적고 강도가 강해집니다. 임팩트 시 비틀림이 적어지면 공의 방향성과 비거리가 일정해지는 장점이 있습니다. 또 나노코팅 샤프트는 기존의 샤프트보다 균일하고 밀도가 높아져 볼을 칠 때마다 일정한 성능을 냅니다. 골프채마다 볼을 보내는 거리의 일정함, 볼이 나가는 방향 등이 매우 중요한 골프라는 게임에서 이러한 민감한 차이는 경기 결과에 대단히 중요한 영향을 미칩니다.

현재 프로선수들은 가볍지만 정확성이 떨어지는 그래파이트 샤프트보다 정확성이 좋은 스틸 샤프트를 사용하는데, 만일 가볍고도 강하고 또 우수한 성능을 가진 신소재가 대중화된다면 굳이 체력이 따라야 하는 스틸 샤프트를 고집할 이유가 없어질 것입니다.

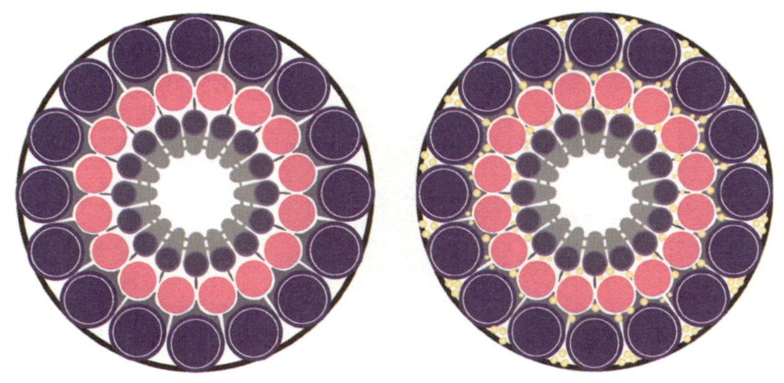

△ 일반 골프채와 나노 골프채의 단면도. 일반 골프채는 흰색으로 보이는 빈 공간이 많은 반면 나노 골프채는 노란색으로 보이는 나노입자들이 빈 공간을 채우고 있습니다.

낚싯대와 나노 미끼

이와 같은 원리로 탄소나노튜브를 포함한 복합재료로 만든 낚싯대도 나왔습니다. 기존에는 탄소섬유가 들어 있는 복합재료를 사용하였는데 이것 역시 바탕재료 사이에 빈 공간이 많았습니다. 그런데 탄소섬유 대신 탄소나노튜브가 첨가된 재료를 사용하면 미세한 탄소나노튜브가 빈 공간 사이사이를 메워 쉽게 부러지지 않는 낚싯대를 만들 수 있습니다. 어떤 이는 플라이낚시(낚싯줄에 벌레 모양의 가짜 미끼를 달아 낚싯대를 던져서 물고기를 잡는 낚시)의 손맛을 골프 스윙에 비교하기도 하는데요. 이런 신소재로 만든 낚싯대는 유연하며 낚시를 할 때 손의 감도도 훨씬 좋다고 합니다.

낚시를 할 때 낚싯대 외에 필요한 것은 무엇이 있을까요? 일본의 한 반도체장비회사에서 무슨 마음에서였는지는 모르지만 어쨌든 특수한 나노코팅을 한 첨단미끼를 만들었습니다. '반도체 회사에서 왠 미끼를? 이거 혹시 낚시 기사에 걸린 거 아냐?' 하는 생각도 들었지만 읽어 보니 반도체와 상관이 없는 기술도 아니었습니다.

이 미끼를 만드는 데는 반도체 생산에 쓰이는 초박막 증착 기술(ultra thin film deposition technique)이 사용되었습니다. 반도체 소자는 기판 위에 여러 가지 물질을 수십 층으로 쌓아서 만드는 데 이때 나노미터 정도의 아주 얇은 두께의 층들을 쌓아 올리는 기술을 초박막 증착 기술이라고 합니다.

그러니까 이 첨단 미끼는 초박막 증착 기술로 미끼로 쓰는 물질의 표면을 아주 얇은 두께로 광학 코팅을 하여 만든 것입니다. 이렇게 되면 미끼로 쓰는 고분자 재료가 빛을 아주 잘 통과하는 특성을 갖게 되어 무지개와 같은 색을 띠게 됩니다. 이 미끼는 이와 같은 특성 때문에 어느 각도에서든지 빛을 잘 통과시켜 물고기를 유혹하지요.

일반적으로 낚시에 사용하는 미끼는 흔들어 주는 동작이나 화려한 색깔 등으로 물고기를 유혹하는데 대부분 그런 미끼를 만드는 데는 햇빛을 반사하는 페인트가 사용됩니다. 일반 미끼들은 대부분 한 방향에서만 색이 보이는 데 반해 새로 개발된 이 첨단 미끼는 어느 각도에서도 잘 보이는 데다가 각도에 따라 보이는 색깔도 다양해 물고기를 더 잘 유혹한다고 합니다. 해서 기존의 미끼보다도 적어도 4배 이상 고기를 더 잡을 수 있다고 한다니 강태공들의 마음을 뒤흔들 만하겠지요?

이 미끼는 특히 송어와 같은 민물고기뿐만 아니라 바닷물고기를 잡을 때도 사용될 수 있으며 그 가운데 특히 산호초 사이에 사는 양볼락(북태평양 해역에 서식하는 바닷물고기)에 효과가 있다고 합니다. 초보자들도 고기를 잘 잡게 해 준다는 나노과학기술로 코팅이 된 미끼. 글쎄요 과연 좋은 강태공은 미끼 탓을 할까요?

'필요는 발명의 어머니'라는 말이 있기는 하지만 새로운 것을 원하는 사람들의 욕구와 그것을 만족시키려는 과학적 발상이 꼭 어렵고 복잡한 것만이 아니라 이렇게 재미있는 것일 수도 있다는 것을 강조하고 싶습니다. 그렇기에 여러분의 과학적 상상력에 제한을 둘 필요가 없다는 것도요.

나노기술로 개발한 신소재를 스포츠용품에 적용하면 무게는 감소시키면서도 강도는 높여 더 좋은 결과를 내도록 도와줍니다. 미국에서는 테니스 라켓에도 이미 탄소나노튜브를 사용하고 있으며 이제 점점 다른 스포츠용품으로도 그 적용 범위가 넓어지고 있는 추세입니다. 이미 나노과학기술은 우리가 이전에는 생각하지 못했던 아주 여러 분야에 깊숙이 들어와 있습니다. 더욱이 정교함을 요하는 스포츠 세계에서 앞으로 나노과학기술이 어떻게 진가를 발휘할지 지켜보면 좋겠습니다.

나노화장품

오늘날 나노과학기술은 컴퓨터, 공학, 의료뿐만 아니라 여성들이 많이 이용하는 화장품 제조에도 중요하게 쓰이고 있습니다. 요즘에 TV를 보면 화장품 광고에 나노과학이라는 말이 자주 등장하는 것을 볼 수 있을 거예요.

공상과학영화 〈지. 아이. 조〉를 보면 작은 입자들이 몸에 있는 혈관을 따라 가다가 미리 프로그램된 장소에 가서 부여받은 임무를 수행하는 장면이 나오는데 나노화장품도 비슷한 원리로 생각하시면 됩니다.

화장품을 만드는 데 있어서 입자가 작은 것이 왜 그리 중요할까요? 그것은 나노 크기의 입자는 피부 세포의 간격보다 작아서 흡수가 잘 되기 때문입니다. 한마디로 나노화장품은 영양분이 포함된 아주 작은 입자를 피부 깊숙이 영양이 필요한 곳에 잘 전달하는 임무를 수행하는 것입니다.

2000년 이후 급속히 발전하기 시작한 나노화장품은 주름살 제거 등의 노화방지 화장품, 피부를 희고 투명하게 만드는 미백 화장품, 자외선을 차단하는 선크림 등이 있습니다. 이미 다양한 나노화장품 제품들이 생산되고 있는 거죠.

그럼 과연 어떤 원리로 나노화장품이 피부에 잘 스며드는 것인지 노화방지제품을 예로 살펴보도록 하지요. 시중에 나와 있는 노화방지 제품들은 주로 눈에 보이지 않는 나노캡슐 형태로 돼 있습니다. 비타민 E는 피부를 보호하고 손상된 머리카락을 회복하는 데 효과가 좋지만 피부 층을 잘 통과하지는 못합니다. 이에 비타민 E나 기타 노화 방지에 효과가 좋은 재료들을 나노 크기의 아주 작은 캡슐에 담아 피부 깊숙한 곳까지 잘 전달하게 만드는 것입니다.

물론 비타민 E를 포함하고 있는 나노 크기의 아주 작은 캡슐을 인공적으로 만드는 것이 기술이겠지요. 고분자재료로 만든 나노캡슐은 스펀지처럼 안에 영양분을 머금고 있다가 캡슐이 녹으면서 피부 층에 흡수되어 비타민 E를 피부 깊은 곳에 서서히 공급해 줍니다. 화장품 회사마다 피부에 좋은 성분들을 캡슐화하는 데 많은 노력을 기울이고 있으며 저마다 많은 특허 기술을 보유하고 있습니다.

화장품에 쓰이는 나노입자로는 미국 FDA에서 승인한 산화 징크와 이산화티타늄 그리고 실리콘 나노입자 등이 있습니다. 그 가운데 선크림에 사용되는 산화 징크 나노입자는 피부를 자외선으로부터 보호할 뿐만 아니라 냄새 나는 것을 조절하는 항균작용까지 합니다.

또 어떤 회사에서는 산화물질파우더와 실리카파우더를 섞어서 보습화장품을 개발했는데 이런 나노입자들은 피부를 건조하게 하는 단백질효소를 억제시키는 역할을 해서 오래도록 피부에 수분을 유지하게 합니다. 이렇듯 화장품 회사마다 특징적으로 피부에 좋은 기능을 하는 나노 크기의 입자를 포함한 새로운 화장품 재료를 만드는 데 많은 시간과 연구비를 투자하고 있습니다.

화장품 산업이 가지고 있는 막대한 시장성 때문에 우리나라를 비롯해 미국, 프랑스, 일본 등등의 유명 화장품 회사들이 앞다투어 나노과학기술과 연계한 제품 개발에 막대한 투자를 하고 있으며 해마다

이들이 경쟁적으로 내 놓는 기술에 대한 특허 신청이 전 세계 특허 신청 건수 가운데 가장 빠른 추세로 증가하고 있습니다. 연구팀들은 더욱 입자가 작고 피부에 잘 흡수되어 손상된 피부를 회복시킬 수 있는 신소재들을 찾으려 노력하고 있으며 비단 피부보습제품뿐만 아니라 나노입자를 이용해 좀 더 생생한 색을 낼 수 있는 색조 화장품도 개발하고 있습니다. 앞으로 화장품에 적용되는 나노과학기술이 더욱 발전이 된다면 흰머리나 탈모까지도 미연에 방지할 수 있는 획기적인 제품들을 가까운 미래에 생산할 수 있을 것으로 내다보고 있습니다.

그러나 나노과학기술이라는 새로운 기술을 이용해 화장품을 만드는 데 따른 안정성이나 오랜 기간 사용 후에 있을지도 모르는 후유증에 대한 우려의 목소리가 일부에서 나고 있는 것 또한 사실입니다. 그래서 미국 FDA나 영국의 로얄 소사이어티 등의 기관에서는 나노과학기술을 이용해 화장품을 만드는 데 있어서 연구의 투명성과 지속적인 테스트를 엄격하게 요구하며 감독을 하고 있습니다.

워낙 미세한 입자를 가지고 만드는 화장품이기에 나노물질 가운데 인체에 안전한 것과 그렇지 않은 것들을 엄격히 구별하는 것은 매우 중요한 일입니다. 화장품에 쓰이는 일부 나노입자가 건강을 위협할 수

도 있다는 외국의 연구가 있는 것도 사실이고 또 지나치게 과장된 것
이라는 업계의 주장도 팽팽합니다.

그렇기 때문에 소비자들은 앞으로 신제품을 고를 때 어떤 성분으
로 된 것인지 꼼꼼히 따져 보고, 또 안전한 나노화장품과 그렇지 못
한 제품들을 구별할 줄 아는 지혜가 필요할 것입니다. 안전한 나노화
장품은 부드러운 나노입자를 이용해서 만든 화장품으로 나노입자가
잘 용해되어야 합니다. 반대로 그렇지 않은 경우에는 나노입자가 단단
하여 잘 용해가 되지 않습니다. 해서 일부 화장품 제조 회사들은 자
신들의 제품은 안전해서 먹어도 되고 흡수된 나노입자들이 몸에 남
지 않고 100퍼센트 분해된다는 점을 강조하기도 합니다.

나노수영복

잠깐 그리스 신화 이야기를 해 보겠습니다. 그리스 신화에 나오는 다이달로스는 대장간의 신 헤파이스토스의 자손으로 도끼, 송곳 등 많은 연장을 만든 발명가였습니다. 그는 아들 이카로스와 함께 크레타 섬의 미궁에 갇히게 되자 새의 날개를 만들어 어깨 밑에 밀랍으로 붙이고 날아서 미궁을 탈출합니다. 하지만

△ 〈추락하는 이카루스〉. 제이콥 피터 고위가 1650년에 그린 그림.

새처럼 하늘을 나는 것이 너무나 신기했던 이카로스는 하늘 높이 날지 말라는 아버지의 경고를 잊은 채 너무 높이 날아올랐고 결국은 태양열에 날개를 붙인 밀랍이 녹아 에게 해에 떨어져 죽게 됩니다. 결국 다이달로스 혼자 하늘을 날아 시칠리아로 도망을 갔습니다.

신화 속 '밀랍 날개'는 절반의 성공으로 끝이 났지만 이렇듯 발명가들은 오래전부터 자연을 주목했습니다. 동물이나 식물 등 살아 있는 생명체에서 배우고 이를 모방함으로써 많은 발명품을 만들어 냈는데요. 바로 이것을 생체모방과학(biomimetics)이라고 합니다. 잠자리를 모방한 헬리콥터나 벌침 끝을 본떠 만든 주사기 등 그 예는 우리 주위에서 많이 찾아볼 수 있습니다.

야외에서 스포츠를 즐기는 데 가장 많은 영향을 끼치는 것은 아마도 날씨일 것입니다. 모처럼 즐기는 야외 활동에 불청객처럼 비라도 오는 날에는 매우 속이 상하겠지요. 만약에 완벽하게 방수가 되는 천이 있다면 등산이나 골프, 낚시 등 각종 레저 활동을 하는 데 크게 도움이 될 것입니다. 또 절대로 물에 젖지 않는 천을 만들 수만 있다면 산업 전반에 걸쳐 그 쓰임새가 무궁무진할 것입니다. 방수능력이 뛰어난 천을 개발하기 위해서 과학자들은 우선 자연에 주목했습니다. 과연 우리 주변에 물에 젖지 않는 게 무엇이 있는지 찾아본 것입니다. 앞서 언급한 생체모방과학을 활용한 것이죠.

과학자들이 찾아낸 것은 바로 연잎입니다. 비가 오고 난 뒤에도 연못 속의 연잎은 보송보송하기만 합니다. 혹여 빗방울이 맺혀 있더라도 손으로 건드리면 또로록 연잎을 굴러다니다가 이내 물속으로 떨어집니다. 과연 연잎의 표면에는 어떤 비밀이 숨어 있는 걸까요? 연잎 표면을 전자현미경을 사용해 들여다보면 금세 그 비밀이 드러납니다.

연잎의 표면에는 셀 수 없을 정도로 아주 많은 돌기들이 나 있습니다. 게다가 각각의 돌기를 확대해 관찰해 보면 돌기 위에 무수히 많은 수백 나노미터의 미세 돌기들이 나있는 이중 구조를 확인할 수 있습니다. 이런 촘촘한 돌기와 돌기들 사이로 절대로 물이 스며들 수 없는 것이지요.

이렇게 연잎 표면에 나 있는 무수히 많은 미세 돌기는 물이 연잎과 접촉하는 각도를 크게 해 연잎 위에 물이 떨어지면 퍼지지 않고 물방울의 형태를 하고 있는 것입니다. 물 분자와 쉽게 결합되는 성질을 친수성, 반대로 물과 친하지 않은 성질을 소수성이라고 하는데 보통 물방울이 떨어졌을 때 물과 표면이 접촉하는 각도가 90도 이하면 친수성을, 90도 이상이면 소수성을 띤다고 합니다. 그런데 연잎은 물방울과 표면이 접촉하는 각도가 150도 이상으로 소수성 가운데서도 초소수성을 띱니다. 이게 다 연잎 위에 무수히 나 있는 미세 돌기들 때문입니다.

자, 이제 연잎이 얼마나 심하게 물을 싫어하는지 잘 알겠죠? 이렇게 초소수성을 가진 작은 돌기들로 인하여 비가 온 후에도 연잎 위에는 물방울이 퍼져 있지 않고 굴러떨어지게 됩니다. 그런데 재미있는 것은 물방울이 떨어질 때 그 위에 붙어 있던 작은 먼지까지도 포함하여 떨어지므로 연잎은 언제 보아도 늘 깨끗합니다.

이렇게 연잎은 뛰어난 방수 효과와 스스로 깨끗함을 유지하는 자기 세정 효과를 가지고 있어서 많은 과학자들의 관심의 대상이 되어 왔습니다. 이런 연잎의 특성을 '연잎효과(lotus effect)'라고 부릅니다. 연잎효과란 1977년 독일의 본 대학 빌헬름 바르트로트 교수가 발견한 것으로, 연잎의 방수 능력과 자기 세정 능력을 말합니다. 이 능력의 비밀은 연잎 위에 나 있는 미세한 이중 돌기 구조 때문으로 물방울이 스며들지 않고 굴러떨어지므로 잎 표면은 항상 깨끗함이 유지되는 것입니다.

그렇다면 연잎효과를 이용한 발명품에는 어떤 것들이 있을까요? 그

△ 연잎 위에 물방울이 맺힌 모습과 옆잎 표면의 미세 돌기.
ⓒ Kevin Krejci (연잎 사진)

동안 많은 과학자들은 이 연잎효과를 가진 옷감을 개발해 왔습니다. 연잎 표면의 돌기처럼 나노 크기의 입자를 코팅해서 만든 소재로 옷을 만들면 비가 오더라도 물이 스며들지 않고 혹시 물을 쏟게 되더라도 그냥 툭 털어 내면 될 테니 참 간편하겠죠? 또 한 가지 장점은 옷감 표면에 묻은 물방울이 먼지 등과 함께 표면을 따라 흘러내리므로 스스로 깨끗함을 유지한다는 것입니다. 하지만 아직까지는 연잎 효과가 오래 지속되지 못하는 점, 옷감의 색상이나 촉감을 좋게 하는 기술적인 문제, 제품 생산에 드는 높은 비용 등 개선해야 할 점이 많이 남아 있습니다.

물에 젖지 않는 옷감

생각해 보세요 아무리 방수 기능이 뛰어난 비옷이라고 하더라도 오랫동안 물에 푹 담가 둔다면 젖지 않고는 못 배기겠지요. 그런데 스위스 취리히 대학의 한 화학자가 절대 물에 젖지 않는 새로운 옷감을 개발했다고 합니다.

이 옷감은 **폴리에스테르** 섬유를 수백만 개의 아주 작은 실리콘 나노필라멘트(silicone nano filaments)로 코팅한 것으로 물에 절대 젖지 않는다고 합니다. 이 옷감에 물을 떨어뜨리면 물방울은 옷감 위에 구 형태로 머무르는데 수평에서 약 2도 정도만 기울이면 물방울이 굴러 떨어진다고 합니다. 이는 마치 은 쟁반에 옥구슬이 떨어지는 것처럼 물줄기가 떨어져도 옷감에 스미기는커녕 자국도 남지 않게 됩니다.

이렇게 놀라운 방수 능력의 비밀은 바로 실리콘 나노필라멘트 층에 있습니다. 40나노미터 크기의 필라멘트로 구성된 침 모양의 구조가 연잎 위의 무수히 많은 미세 돌기들처럼 옷감에 방수효과를 일으키는 것입니다. 한마디로 옷감 위에 방수 침을 둘렀다고 보시면 됩니다. 해서 옷감에 물이 떨어져도 나노필라멘트 사이로 스며들지 못하고 미세 침 모양의 필라멘트 끝에 물방울이 맺히게 되는 것입니다. 이 침 구조가 워낙 촘촘하기 때문에 그 밑에 있는 폴리에스테르 섬유는 젖을 일이 없는 거죠. 스위스 연구팀은 소수성을 갖은 표면과 침과 같은 나노 구조의 코팅이 복합적으로 이런 특수방수효과를 갖게 한다고 설명합니다.

실리콘 나노필라멘트는 이뿐만 아니라 필라멘트와 필라멘트 사이에서 공기를 빨아들여 공기층을 형성하는데, 바로 이 공기층은 물이

폴리에스테르
플라스틱의 한 종류인 고분자 화합물. 주로 가구, 합성 섬유 등을 만드는 데 쓰인다.

아래에 있는 옷감 조직에 스며들지 않도록 막아 주는 역할을 합니다. 이런 이유 때문에 이 신소재로 옷감을 만들면 물에 두 달간 담가 둬도 젖지 않는다고 합니다. 이는 우리 생활에 유용하게 쓰일 놀라운 발명품이 될 것입니다.

실리콘 나노필라멘트에 있는 또 한 가지 기능! 이 코팅층의 필라멘트 사이에 있는 얇은 공기층은 방수 역할을 할 뿐만 아니라 물속에서 움직일 때 물의 저항을 20퍼센트나 줄여 준다고 합니다. 이런 현상을 잘만 이용한다면 젖지 않고 물속에서의 저항을 획기적으로 줄일 수 있는 첨단 수영복으로 활용할 수가 있습니다.

스위스에서 개발한 이 옷감의 비밀은 코팅 방법에 있습니다. 실리콘을 가스 형태로 증발시켜 이것이 옷감 위에 증착되면서 나노필라멘트 형태를 이루게 하는 것입니다. 이런 코팅은 폴리에스테르 섬유뿐만이 아니라 울, 인조 견사 그리고 면에도 적용할 수 있습니다. 이와 비슷한 방수성 코팅을 한 기존의 옷감들은 옷감끼리 서로 스치면 방수 기능이 떨어져 오래가지 못하는데, 스위스에서 개발한 방수 옷감은 일부러 매일 세탁을 하지 않는 한 방수 능력이 오래 유지된다고 합니다.

첨단 수영복

매번 올림픽이나 세계수영선수권 대회 같은 큰 대회 때마다 경쟁적으로 새로운 소재의 첨단 수영복이 등장했습니다. 시드니 올림픽 3

관왕에 올랐던 호주의 수영 영웅 이안 소프는 상어 피부의 돌기를 본뜬 전신 수영복을, 미국의 수영 천재 마이클 펠프스는 부위별로 재질을 다르게 한 상어의 돌기를 활용한 새로운 전신 수영복을 입었습니다. 이러한 수영복은 물살이 수영복 표면에 닿지 않고 밀려나가게 해 저항을 줄여 앞으로 나가는 속력을 증가시킵니다. 또 물이 전혀 스며들지 않는 일체형 수영복으로 금메달에 도전한 선수들도 있습니다. 과학 기술이 복합된 이들 첨단 수영복은 결국 물의 저항을 줄이고 운동속도를 높여 경기력을 올려 주는 것입니다. 현재까지 알려진 가장 빠른 수영복은 **폴리우레탄** 소재 수영복으로, 자유형 50m에서 약 0.7초의 기록 단축 효과가 있는 것으로 알려졌습니다.

과학의 발전과 함께 수영과 같이 100분의 1초를 다투는 치열한 기록경기에서 최적의 신소재를 개발하는 노력은 경기의 승패를 결정하는 중요한 열쇠가 되고 있습니다. 이러한 가운데 나노과학기술이 다양한 소재에 적용되면서 여러 가지 꿈의 소재를 개발하려는 노력이 세계 곳곳에서 일고 있습니다. 앞으로 이러한 첨단 수영복이 과연 어디까지 진화할지 궁금해집니다.

그런데 2010년부터 국제수영연맹이 첨단 수영복 착용을 전면적으로 금지함에 따라 이제 올림픽 같은 국제 대회가 첨단 과학 수영복의 전시장이었던 과거의 모습은 사라질 것으로 보입니다. 이제 국제수영대회에서 선수들은 예전처럼 직물 수영복을 입게 되었지만 신소재를

> **폴리우레탄**
> 우레탄 결합을 주요 구성 요소로 가지는 사슬 모양의 고분자 화합물. 주로 섬유, 접착제, 합성 피혁 등의 원료로 쓰인다.

이용해서라도 좀 더 빨라지려는 인류의 노력과 연구는 아마도 멈추지 않을 것입니다.

내친 김에 여기서 수영복 얘기를 좀 더 해 볼까요? 일반 소비자를 위한 나노과학기술이 적용된 수영복도 개발되어 시판되고 있습니다. 이는 수영복을 만들 때 쓰는 섬유에 나노입자로 보이지 않는 그물망을 형성하도록 특수 코팅을 한 것입니다. 그래서 생긴 소수성 때문에 물이 섬유에 잘 스며들지 않고 표면에서 흘러내리게 됩니다. 이는 방수성을 갖게 할 뿐만 아니라 동시에 수영복을 깨끗하게 유지시켜 줍니다. 또한 물 안에 있을 때나 밖에 있을 때나 수영복의 색이 크게 변하지 않고 수영장의 소독약 때문에 색이 바래는 일도 없다고 합니다. 이들 수영복은 잘 젖지도 않을 뿐만 아니라 통풍이 잘되기 때문에 물 밖에서는 빨리 마르는 장점이 있습니다.

나노장갑과 나노장화

위험에 빠진 지구를 지키는 영웅 하면 슈퍼맨과 함께 스파이더맨이 떠오릅니다. 여러분도 잘 알다시피 스파이더맨은 유전자 조작 거미에 물린 후 벽을 기어오르고 고층 건물 사이로 마구 날아다니는 등 놀라운 액션을 선보이게 됩니다. 그런데 옷은 한 벌밖에 없는지 우리의 단벌 신사 스파이더맨은 언제나 보기에도 부담스럽게 꼭 끼는 유니폼에 빨간색 장갑과 장화를 신은 채 벽을 기어 오르내립니다.

△ 벽을 자유자재로 기어오르는 스파이더맨.

스파이더맨처럼 별도의 보조 장치 없이 장갑과 장화만으로 높은 암벽을 오르내릴 수 있다면? 암벽 등반을 즐기는 사람들에게는 꿈의 장비가 아닐까요? 요즘엔 날씨와 계절에 상관없이 실내에서 즐길 수 있는 인공 암벽 등반이 인기라고 하는데 여기에도 로프, 안전벨트, 헬멧 등의 특수 장비가 꼭 필요합니다.

그런데 만일 높은 곳에서 자유롭게 활동을 할 수 있게 도와주는 특수접착물질이 개발된다면 비단 스포츠 분야뿐만 아니라 고층건물이나 높은 산에서 활동을 하는 구조원들도 안전하게 작업을 할 수 있게 될 것입니다. 또 대형 건물의 유리를 청소할 때 위험천만하게 줄을 타고 청소를 하는 모습을 종종 보게 되는데 이 경우에도 더욱 안전하고 효율적으로 작업을 할 수 있게 될 것입니다. 이런 만화 같고 꿈 같은 신소재를 과연 개발할 수 있을까요?

우리가 스파이더맨 옷의 비밀을 알아 내 그와 유사한 제품을 만들 수만 있다면 그런 바람은 꿈이 아닐 것입니다. 그리고 그 꿈을 현실로 이루는 데는 나노과학기술이 큰 몫을 하고 있습니다. 지금까지 많은 과학자들은 스파이더맨 같은 강력접착물질을 개발하기 위하여 노력을 기울여 왔습니다. 그러기 위해 자연 속에 있는 생물들, 예를 들어 거미나 게코 도마뱀 등을 주의 깊게 살펴보며 이런 생물들이 떨어지지 않고 벽에 착 달라붙어 다닐 수 있는 원리를 관찰하고 그것을 과학적으로 모방해 왔습니다.

게코 도마뱀의 비밀

뱀목 도마뱀붙잇과에 속하는 게코 도마뱀은 10여 센티미터 정도의 작고 귀여운 동물로 주로 따뜻한 지역에서 삽니다. 달걀 모양의 귀여운 머리와 크고 긴 주둥이를 가지고 있는데 그 모습이 어찌나 귀엽고 사랑스러운지 많은 사람들이 애완동물로도 기르고 있습니다.

게코 도마뱀은 일반적인 도마뱀과 다른 특성을 가지고 있는데 그것은 바로 한번 달라붙으면 떨어지지 않는 찰거머리 능력입니다. 이 능력의 비밀은 게코 도마뱀의 발바닥에 있습니다. 자, 그럼 지금부터 도

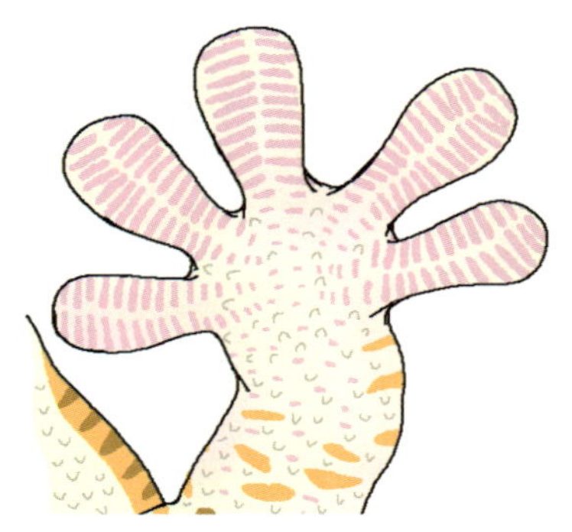

마뱀계의 스파이더맨 게코 도마뱀의 발바닥을 살펴보도록 하지요. 게코 도마뱀의 길고 납작한 발가락 밑면에는 주름처럼 보이는 빨판이 결을 이루고 있습니다. 이 빨판에는 무수히 많은 세타(seta)라고 하는 솜털이 나 있고 각 솜털 위에 또 스패출라(spatula)라고 하는 주걱 모양의 미세한 털이 촘촘히 나 있습니다. 바로 이 세타와 스패출라가 빨판 역할을 하기 때문에 게코 도마뱀은 중력과 상관없이 벽이든 천장이든 자유자재로 붙어 있거나 기어오를 수 있는 것입니다.

게코 발가락 하나를 확대해 보면 1제곱밀리미터에 무려 1만 4,000개의 세타가 나 있습니다. 또 직경이 5마이크로미터밖에 되지 않는 세타 끝에 100개에서 1,000개에 이르는 미세한 스패출라들이 분포해 있는 것입니다. 솜털 위에 더 미세한 털들이 얼마나 촘촘히 박혀 있는지 상상이 가시나요? 이래서 게코 도마뱀의 발바닥은 하늘이 주신 천연접착소재라고 불리나 봅니다.

게코 도마뱀은 '반 데르 발스 힘(van der Waals' force)'이라 불리는 결합력으로 벽이나 천장에 쉽게 달라붙을 수 있습니다. 게코 도마뱀의 발바닥에 나 있는 무수한 미세 털 하나하나가 물체의 표면과 전기적 또는 분자 간의 인력으로 살짝 붙는데 그 힘은 일반적인 화학 물질이 이루는 이온 결합이나 공유 결합보다는 훨씬 약한 정도입니다. 이렇게 물체들의 표면에서 생기는 분자 간의 인력을 반 데르 발스 힘이라고 합니다. 비록 하나하나의 결합력은 매우 약하지만 게코 도마뱀의 발바닥에 나 있는 수억 개의 미세 조직들의 흡인력을 모두 합치면 자신의 체중의 몇 배나 되는 무게를 지탱할 수 있을 정도로 강력한 힘을 갖게 되는 것입니다.

게코 도마뱀이 걷는 모습을 보면 결코 발을 수직으로 들었다 내렸다 하지 않습니다. 뒤에서부터 조금씩 들어 올리면서 걷는데 이는 발바닥에 붙은 빨판을 하나씩 띄었다가 붙이기 때문입니다. 하나하나의 빨판이 견디는 반 데르 발스 힘은 매우 작아서 이렇게 하면 힘들지 않게 발걸음을 옮길 수 있는 것입니다.

게코 도마뱀의 발바닥에 나 있는 빨판 구조는 결을 이루고 있기 때문에 힘을 특히 잘 받는 방향이 따로 있습니다. 이런 구조를 잘 모방하면 강한 접착력이 있는 물질을 만들 수 있을 뿐만 아니라 그것을

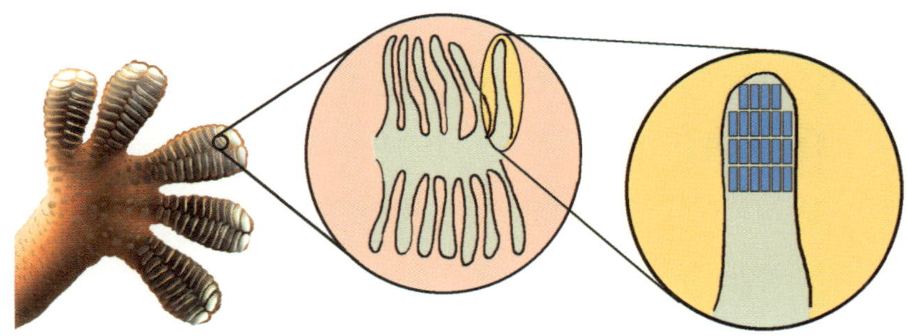

손쉽게 뗐다가 붙일 수도 있습니다. 현재 게코 도마뱀을 모방하여 초 강력 접착 물질을 개발하려는 연구가 활발히 진행되고 있는데 이는 자연으로부터 배우는 생체모방과학의 좋은 예라고 할 수 있습니다.

인공 접착테이프

안타깝게도 아직까지는 스파이더맨의 장갑만큼 좋은 접착력을 가 진 초강력 접착 물질은 개발하지 못했습니다. 하지만 몇몇 학자들은 어느 정도 스파이더맨의 비밀에 근접했습니다. 그 가운데는 미국 버 클리 캘리포니아 대학교의 전기 공학과 로날드 피어링 교수가 있습 니다. 그는 게코 도마뱀에서 아이디어를 얻어 'GSA(gecko-inspired synthetic adhesive)'라는 인공 접착테이프를 개발했습니다. 기존의 접 착테이프는 붙일 때 표면을 위에서 눌러 줘야 했죠? 하지만 이 새로 운 테이프는 표면을 수직으로 누르는 게 아니라 미끄러지듯이 붙여 주면 됩니다. 이는 게코 도마뱀이 벽을 타고 오르내릴 때 발을 붙였다 떼었다 하는 것과 비슷한 원리로, GSA 접착테이프가 비스듬히 힘을 줄 때 달라붙는 성질을 가지고 있기 때문입니다.

GSA 접착테이프는 딱딱한 플라스틱으로 된 마이크로 섬유를 사용 해서 만들었는데 이것 자체는 접착 성분을 가지고 있지 않습니다. 이 플라스틱 마이크로 섬유 자체는 다만 미세한 수백만 개의 섬유가 주 는 아주 작은 접촉 점에 의해 힘을 받는 것입니다. 그러니까 플라스틱 마이크로 섬유의 접촉 점의 수가 많아질수록 접착 능력이 높아지는 것입니다.

이 접착테이프의 또 다른 특성은 붙였다 떼었다 할 수 있고, 접착 테이프를 떼어 낸 후에도 표면에 아무것도 남지 않아 깔끔하다는 것입니다. 일반적인 테이프는 붙였다 떼면 표면에 자국을 남기는데 반해 이 테이프는 여러 번 붙였다 떼었다 하는 일을 반복해도 됩니다. 게코 도마뱀처럼 벽이나 천정 등을 오르내리려면 강한 접착능력도 중요하지만 그보다는 쉽게 붙였다 떼었다 하도록 접착능력을 조절하는 것이 관건입니다. 매끄러운 표면에 잘 붙어 무게를 견뎌 내고 또 떼고 싶을 땐 자유롭게 떼어 낼 수 있는 이런 새로운 접착제는 잘 이용하면 의료 장비나 스포츠용품, 높은 곳에 오를 수 있는 로봇 등에 쓰일 수 있을 것으로 내다보고 있습니다.

GSA 접착테이프의 재료인 플라스틱 마이크로 섬유는 **폴리프로필렌**이라는 플라스틱으로 만들었으며, 각각의 섬유는 길이가 15~20마이크로미터, 직경이 600나노미터로 아주 미세합니다. 이 미세한 섬유는 게코 발바닥에 나 있는 미세한 스패출라처럼 휘면서 표면에 슬라이딩하듯 붙습니다. 플라스틱 마이크로 섬유를 미끄러지듯이 표면에 붙일 때 생기는 인력으로 접착력을 조절하는 것입니다. 해서 미끄러지듯이 붙이는 힘이 클수록 잘 붙고 반대로 힘이 없으면 쉽게 떨어져 재활용이 가능한 것입니다. 그동안 미세한 고리와 갈고리, 혹은 미세 털 등을 이용해 접착

물질을 개발하려고 했던 노력은 많이 있었지만 아무도 딱딱한 플라스틱으로 이렇게 떼었다 붙였다 하는 접착테이프를 만들겠다는 생각은 하지 못했습니다.

GSA 접착테이프의 플라스틱 마이크로 섬유는 아주 약한 힘으로도 표면에 붙일 수 있지만 일단 붙으면 자기 체중의 몇 배 이상을 견디는 게코 도마뱀처럼 아주 큰 힘도 지탱할 수 있습니다. 또 GSA 접착테이프의 플라스틱 마이크로 섬유는 자기들끼리는 들러붙지 않을 뿐만 아니라 수백 번을 붙였다 떼었다 하더라도 서로 엉키지 않습니다. 게다가 이 접착테이프는 단단하며 표면이 끈끈하지 않는 것까지 게코 도마뱀을 쏙 닮았습니다.

하지만 아직까지 게코 도마뱀을 미처 모방하지 못한 기술이 남아 있습니다. 게코 도매뱀은 울퉁불퉁한 표면에서도 잘 붙어 있을 수 있는데 반해 아직까지 GSA 접착테이프는 평평한 표면에서만 효과를 볼 수 있습니다. 또 한 가지 게코 도마뱀은 아무리 진흙 바닥을 걸어도 발바닥이 더러워지지 않는데 이 제품은 아직까지 스스로 깨끗해지는 능력을 갖추지 못했으니 앞으로의 연구 과제가 남아 있는 셈입니다. 하지만 이렇게 게코 도마뱀에서 배운 과학 원리를 계속 응용해 나간다면 언젠가는 실제로 스파이더맨의 장갑과 장화를 개발할 날이 오지 않을까요?

스파이더맨처럼 벽을 자유자재로 타고 거미줄을 쏘아 빌딩 사이를 오가는 영화 같은 이야기를 현실로 만들기 위해 탄소나노튜브를 연구하는 과학자가 있어 소개합니다. 이탈리아의 튜린 폴리테크닉 대학교의 물리학자인 니콜라 푸그노 교수는 초강력 접착 물질과 가볍고 긴 거미줄을 탄소나노튜브를 이용해서 만들 수 있다고 주장했습니다.

푸그노 교수가 이런 주장을 하기 이전에도 물론 탄소나노튜브로 접착 물질을 만든 연구자들이 있기는 했습니다. 이들은 탄소나노튜브를 이용해 게코 도매뱀보다 200배나 더 강한 접착 물질을 만들었지만 아주 작은 크기였을 뿐 실제로 장갑이나 장화에 쓸 만큼 큰 것은 아니었습니다. 실제 그런 제품을 만들기 위해서는 탄소나노튜브를 길게 만들어야 하는데 이것들이 서로 엉키는 문제, 빳빳하지 않고 흐늘거리는 문제, 크기를 크게 하다 보면 너무 딱딱해져 표면에 붙지 않는 문제 등 여러 가지 어려움이 있었습니다.

푸그노 교수는 그의 논문에서 이런 문제점을 해결하기 위해서는 게코 발바닥의 이중 솜털 구조를 모방하면 된다고 주장하고 있습니다. 즉 탄소나노튜브로 세타와 스패출라 같은 이중 솜털구조를 만들면 빳빳해서 엉키지 않고 끝부분은 유연해서 접착력이 좋은 장갑과 장화를 만들 수 있다는 것입니다.

또 스파이더맨의 거미줄도 탄소나노튜브를 이용해서 만들 수 있을 것이라고 말했습니다. 탄소나노튜브로 1미터 정도 길이의 섬유를 만들 수 있는 현재의 기술을 조금만 더 발전시키면 아주 길고 투명한 거미줄도 만들 수 있다는 것입니다. 하나의 탄소나노튜브는 크기가 빛의 파장보다 작기 때문에 눈에 보이지 않고 투명합니다. 푸그노 교수는 스파이더맨의 거미줄을 만들기 위해서는 수만 개의 탄소나노튜브를 꼬아서 아주 긴 탄소나노튜브 섬유를 만들고 이렇게 만든 섬유들을 5마이크로미터 간격으로 배열하여 한 묶음으로 만들면 가볍고 강한 밧줄이 된다고 합니다. 여기다 거미줄처럼 끈끈하게 만들기 위해서 각각의 섬유 끝 부분만을 풀어 헤치면 게코 도마뱀 발바닥의 스패출라처럼 접착 능력을 가지게 된다는 것입니다. 이 탄소나노튜브 밧줄을 스파이더맨처럼 목적지에 쏘기만 하면 끝 부분이 달라붙어 거미줄 역할을 하게 된다는 재미있는 발상입니다.

이런 초강력 밧줄 개발이 성공하기만 한다면 높은 빌딩의 유리창 청소를 더욱 안전하고 자유롭게 할 수 있는 것은 기본이고, 우주탐사라든가 국방산업 등에서도 유용하게 쓰일 수 있을 것으로 보입니다.

또한 푸그노 교수는 게코 도마뱀처럼 스스로 깨끗해지는 능력까지 갖춘 새로운 접착 물질을 개발한다면 먼지가 많은 곳이나 더러운 환경에서도 반복 사용이 가능하게 될 것이라고 주장하고 있습니다. 미래에 이런 접착 능력을 갖춘 로봇을 만든다면 인간이 견딜 수 없는 가혹한 환경이나 방사능 위험 물질이 있는 곳에서 위험한 임무를 수행할 수 있을 것입니다.

물론 푸그노 교수의 이러한 주장은 아직까지는 이론에 불과합니다. 탄소나노튜브를 가지고 게코 도마뱀을 모방해 초강력 접착 물질을 만들겠다는 제안은 실현 가능성이 있어 보이지만 실제로 이것이 가능해지기까지는 아직까지 연구해야 할 점이 많습니다. 자연을 모방하여 새로운 것을 개발하려는 과학자들의 노력은 이제 스파이더맨의 비밀에 근접하기는 했지만 아직까지 게코 도마뱀이나 거미줄의 모든 것을 과학적으로 구현해 낼 수 있는 것은 아니기 때문입니다. 여기서 하나님의 놀라운 솜씨에 다시 한 번 감탄을 하게 되는군요. 우리는 21세기 첨단 과학의 시대에 살고 있지만 아직까지 모르는 게 너무나도 많다는 것입니다.

게코 도마뱀 로봇

메사추세츠 공과 대학교에서는 벽을 따라 오르는 달팽이 로봇을 만들었는데 스탠퍼드 대학교에서는 벽을 기어오르는 끈끈이 로봇을 만들었습니다. 이름하여 '스티키봇(stickybot)'이라 불리는 이 게코 도마뱀 로봇은 초당 4센티미터의 속도로 유리 벽을 빠르게 타고 올라갈 수 있는 능력을 가졌습니다. 이 로봇은 2006년 당시 스탠퍼드 대학원 재학생인 김상배 연구원이 개발한 것으로 「타임(Time)」이 뽑은 2006년 최고의 발명품으로 선정되기도 했습니다.

이전에 메사추세츠 공과 대학교에서 만든 달팽이 로봇이 끈끈한 물질을 발라 놓은 표면을 따라 올라가는 것이었다면 스탠퍼드 대학교에서 만든 스티키봇은 매끈한 표면을 기어오를 수 있도록 만든 발전된 형태의 로봇입니다.

이 로봇의 발바닥은 게코 도마뱀의 발바닥을 모방해 고분자 재료로 코팅을 해서 만들었습니다. 게코 도마뱀처럼 빨판이 달려 있고 거기에 미세한 솜털들이 나 있으며 걸을 때는 도마뱀이 발을 떼는 동작과 비슷하게 움직입니다. 연구진은 이처럼 게코 도마뱀의 발을 모방하고 그 걸음걸이를 구현해 내는 데만 1년이 넘게 투자

△ 스탠퍼드 대학에서 만든 게코 도마뱀 로봇.
© Stanford Univ.

하여 피나는 노력 끝에 스티키봇을 만드는 데 성공했습니다. 미국 국방성은 이 기술을 이용해 군인들의 장갑과 부츠를 만드는 데 많은 관심을 보이고 있다고 하는데요. 이는 테러 진압 작전을 펼치는 특공대원들에게 유용하게 사용될 수 있을 것입니다.

자연에서 배우는 과학

사실 게코 도마뱀은 미국의 자동차보험회사의 광고 모델로도 등장할 만큼 매우 귀엽게 생긴 동물입니다. 주로 따뜻한 지방에 살면서 모기와 같은 해충을 잡아먹기 때문에 인간에게 이로운 동물로 알려져

있습니다. 귀여운 게코 도마뱀에게 이렇게 놀라운 과학 원리가 숨어 있다니 놀랍지 않으세요? 지금까지 살펴본 것만 보더라도 많은 세계 유명 대학교들이 게코 도마뱀을 모방하고 연구하고 있음을 알 수 있습니다.

이렇듯 과학은 자연에서도 배울 것이 많습니다. 자유자재로 움직이고자 하는 인간의 욕구가 거미를 통한 상상력으로 스파이더맨이라는 영화를 만들어 냈고, 이제는 그것을 실생활에 적용하려는 과학적 노력이 이어지고 있는 것입니다. 자연을 배우고, 자연을 모방하고. 정말 자연은 아무것도 허투루 볼 것이 없다는 것을 다시 한 번 배웠습니다.

이 책에 나오는 용어의 사전적 정의는 주로 인터넷 사이트 '위키피디아 (http://www.wikipedia.org)'와 '네이버 백과사전(http://100.naver.com)'을 참조 했습니다.

PART 1 나노야, 반가워

David B. Williams and C. Barry Carter, *Transmission Electron Microscopy*, Springer: New York, 2009.
· 1986년 노벨물리학상 수상 자료 : http://nobelprize.org/nobel_prizes/physics/ laureates/1986/press.html
· 미국 나노과학기술 정책 : http://www.nano.gov

PART 2 나노야, 병을 고쳐 줘

C. Khemtong, C.W. Kessinger, J. Ren, E.A. Bey, S. Yang, J. Guthi, D.A. Boothman, A. Sherry and J. Gao, "In vivo off-resonance saturation magnetic resonance imaging of $\alpha_v\beta_3$-targeted superparamagnetic nanoparticle", *Cancer Res.* 69, 2009, pp.1651~1658.
J. C. Rosser Jr, P. J. Lynch, L. Cuddihy, D. A. Gentile, J. Klonsky and R. Merrell, "The Impact of Video Games on Training Surgeons in the 21st Century", *Arch Surg* 142(2), 2007, pp.181~186.
V. Wiwanitkit, "N-95 Face Mask for Prevention of Bird Flu Virus: An Appraisal of Nanostructure and Implication for Infectious Control", *Lung* 184, 2006, pp.373~374.
"핏속 헤엄치며 바이러스와 싸우는 로봇 멀지 않았다", 「조선일보」 2007년 1월 4일자.
· 나노마스크 : http://www.flupharmacy.com/nanomask.html
· 다빈치 로봇 수술기 : http://www.davincisurgery.com/
· 비디오 게임을 이용한 외과의사 훈련 : http://electronics.howstuffworks.com/ surgeon-video-game1.htm
· 아프지 않은 주사기 : http://news.cnet.com/2300-11393_3-6233081-2.html
· 조지아 공과 대학교에서 개발한 아프지 않은 주사기 : http://www.rsc.org/

chemistryworld/News/2008/January/16010801.asp, http://gtresearchnews.gatech.
edu/newsrelease/needlespnas.htm
· 텍사스 주립대학교에서 개발한 아프지 않은 주사기 : http://mems.utdallas.edu
· 표적지향형 약물전달시스템 현황 : http://www.cancer.gov/
· 허셉틴 신약 개발 : http://herceptin.com

PART 3 나노야, 최첨단 기기를 만들어 줘

D. Adams, *The Hitchhiker's Guide to the Galaxy*, Ballantine Books, 1979.

G. Roddenbery and S. E. Whitfield, *The Making of Star Trek*, Ballentine Books, 1968.

G. Peng, U. Tisch, O. Adams, M. Hakim, N. Shehada, Y. Y. Broza, S. Billan, R. Abdah-Bortnyak, A. Kuten and H. Haick, "Diagnosing lung cancer in exhaled breath using gold nanoparticles", *Nature Nanotechnology* 4, 2009, pp.669~673.

K. H. Davies, R. Biddulph and S. Balashek, "Automatic Speech Recognition of Spoken Digits", *J. Acoust. Soc. Am.* 24(6), 1952, pp.637~642.

M. McCulloch, T. Jezierski, M. Broffman, A. Hubbard, K. Turner and T. Janecki, "Accuracy of Canine Scent Detection in Early and Late Stage Lung and Breast Cancers", *Integrative Cancer Therapies* 5(1), 2006, pp.30~39.

"EUROPEANA – Europe's Digital Library: Frequently Asked Questions", 「European Commission」 2008년 11월 20일자.

"U.S. Army Develops Automatic Translators for Iraq Soldiers", 「Lucian Dorneanu」 2007년 07월 24일자(http://news.softpedia.com/news/US-Army-Wants-Automatic-Translators-for-Iraq-Soldiers-60817.shtml).

· 구글 번역 프로그램 : http://www.google.com/webmasters/igoogle/translate.html
· 구글 북 프로젝트 : http://books.google.com/, http://googleblog.blogspot.com/2004/12/all-booked-up.html
· 금 나노입자를 이용한 전자코 개발 : http://rbni.technion.ac.il/?cmd=news.0&act=read&id=226
· 미국국회도서관 : http://www.nl.go.kr/index.php
· 미국항공우주국에서 개발한 의료용 탐지기 : http://www.nasa.gov/centers/ames/news/features/2009/cell_phone_sensors.html
· 미국항공우주국의 원격 의료 프로젝트 : http://www.nasa.gov/mission_pages/NEEMO

· 스톡홀름 시 지하철에 설치된 전자코 : http://www.esa.int/esaCP/SEM3VICDNRF_index_2.html
· 이동 의료 검사기 : http://newsroom.ulca.edu/portal/ucla/cell-phone-prototype-of-lensless-77054.aspx
· 치료용 다기능 장치 : http://uwnews.washington.edu/
· 파퓰러 사이언스 2009년 발명상 : http://www.popsci.com/category/tags/2009-invention-awards
· 호주 로얄 항공 의료 서비스 : http://www.flyingdoctor.org.au/
· Audeo 통역 장치 : http://web.mit.edu/invent/iow/callahan.html
· iTravl 통역기 : http://www.itravl.net/languages/
· 말 못하는 사람의 생각을 전달하는 통역기 : 6th Annual World Congress for Brain Mapping & Image Guided Therapy, Harvard Medical School, Aug., 26~29, 2009.

PART 4 나노야, 부모님을 도와줘

· 이산화티타늄의 실내등 반응 연구 : Institute for Nanoscale Technology in Sydney, Australia
· 군사용 스마트 페인트 : http://www.army.mil/news/2009
· 더러워지지 않는 창문 : http://corporateportal.ppg.com/NA/Glass/ResidentialGlass/AboutPPGGlass/
· 뿌옇게 되지 않는 유리 코팅 : http://web.mit.edu/newsoffice/2005/fog.html
· 색깔이 바뀌는 자동차 : http://www.infinitiusa.com/
· 색이 변하는 벽지 : http://dornob.com/heat-actived-paint-for-color-changing-interior-designs/
· 자외선에 의해 색이 변하는 콘텍즈 렌즈 : http://www.ibn.a-star.edu.sg/
· 자장에 의해 색이 변하는 신소재 : http://newsroom.ucr.edu/news_item.html?action=page&id=2124
· 청소가 필요 없는 집 : www.popsci.com

PART 5 나노야, 놀자

J. Zimmermann, F. A. Reifler, G. Fortunato, L. Gerhardt and S. Seeger, "A simple, one-step approach to durable and robust superhydrophobic textiles", *Advanced Functional Materials* 18, 2008, pp.3662~3669.
- 국제 수영 연맹의 첨단 수영복 착용에 대한 규정 : http://www.fina.org
- 나노과학기술로 코팅된 미끼 : http://www.nanowerk.com/news/newsid=1469.php
- 나노입자가 포함된 코팅 재료로 만든 골프채 : http://www.accuflex-golf.com/
- 나노화장품 안정성 : http://www.Glycemic.com
- 미국 FDA에서 승인한 나노화장품 : http://www.cfsan.fda.gov/~dms/supplmnt.html
- 빨리 마르는 첨단 수영복 : http://www.sundryswim.com
- 스위스 취리히 대학교 연구팀에서 개발한 물에 젖지 않는 옷감 : http://www.pci.uzh.ch/e/index.php
- 스탠퍼드 대학교에서 개발한 게코 도마뱀 로봇 : http://bdml.stanford.edu/twiki/bin/view/Rise/StickyBot
- 이음새가 없는 아이스하키 스틱 : http://www.reinforcedplastics.com/view/2416/ice-hockey-stick-uses-nanotechnology-resin-system/, http://www.huntsman.com/advanced_materials/
- 이탈리아 푸그노 교수의 이론 : http://areeweb.polito.it/ricerca/bionanomech/
- 탄소나노튜브가 포함된 새로운 복합 재료 에폭시 : http://www.zyvex.com/index.html
- 탄소나노튜브가 포함된 복합 재료로 만든 아이스하키 스틱 : http://www.hockeygiant.com
- GSA 인공 접착제 : http://robotics.eecs.berkeley.edu/~ronf/Gecko/interface08.html

사진 출처

PART 1 나노야, 반가워

· 리처드 파인먼 : http://www.emsb.qc.ca/laurenhill/science/Feynman.gif.jpg
· 전자현미경 : JEOL, http://www.jeolusa.com/PRODUCTS/ElectronOptics/TransmissionElectronMicroscopesTEM/200kV/JEMARM200F/tabid/663/Default.aspx
· 루이 드브로이 : http://commons.wikimedia.org/wiki/File:Broglie_Big.jpg
· 텍사스 주립대학교의 원자현미경 : Veeco
· 원자현미경을 발명한 거드 비히니와 하이니 로러 : http://www.research.ibm.com/images/about/nobel.jpg
· 세계 최소의 태극기 : UTD(University of Texas at Dallas)
· 탑 다운 기술로 만든 미국 국기 : UTD
· 연필심 : http://www.flickr.com/photos/orangeacid/204163563/
· 다이아몬드 : http://www.flickr.com/photos/jurvetson/156830367/

PART 2 나노야, 병을 고쳐 줘

· 구멍이 난 마이크로 니들 : UTD
· 텍사스 주립대학교에서 제작한 나노자동차 : UTD
· 다빈치 로봇 수술기와 외과의사 : Courtesy of B. Sumer Group, UTSW(University of Texas Southwestern Medical School)
· MAGS 로봇 : Courtesy of J. Cadeddu Group, UTSW
· 표적지향형 약물전달시스템 개요도, MRI 사진, 표적지향형 나노 캡슐 : C. Khemtong, C.W. Kessinger, J. Ren, E.A. Bey, S. Yang, J. Guthi, D.A. Boothman, A. Sherry and J. Gao, "In vivo off-resonance saturation magnetic resonance imaging of v 3-targeted superparamagnetic nanoparticle", *Cancer Res.* 69, 2009, pp.1651~1658. (Figure 1 and Figure 4a)

PART 3 나노야, 최첨단 기기를 만들어 줘

· 실리콘 나노선과 그 단면 : UTD

PART 4 나노야, 부모님을 도와줘

· 나비의 날개 : http://www.flickr.com/photos/chefranden/193555854/
· 이산화티타늄으로 코팅된 빌딩 : UTD

PART 5 나노야, 놀자

· 추락하는 이카루스 http://dreamcurrents.blogspot.com/2008_10_01_archive.html
· 연잎 : http://www.flickr.com/photos/kevinkrejci/4218326146/
· 스파이더맨 : http://www.cine21.com/Movies/Mov_Multi/popup_photo.php?kind=MOVIE&id=5925&pid=39246
· 스탠퍼드 대학교에서 만든 게코 도마뱀 로봇 : Courtesy of M. Cutkosky Group, http://bdml.stanford.edu/twiki/bin/view/Rise/StickyBot

나노에 둘러싸인 하루

| 펴낸날 | 초판 1쇄 | 2010년 8월 17일 |
| | 초판 8쇄 | 2019년 3월 25일 |

지은이	김문제, 송선경
펴낸이	심만수
펴낸곳	(주)살림출판사
출판등록	1989년 11월 1일 제9-210호

주소	경기도 파주시 광인사길 30
전화	031-955-1350 팩스 031-624-1356
홈페이지	http://www.sallimbooks.com
이메일	book@sallimbooks.com

| ISBN | 978-89-522-1491-1   43400 |

살림Friends는 (주)살림출판사의 청소년 브랜드입니다.

※ 값은 뒤표지에 있습니다.
※ 잘못 만들어진 책은 구입하신 서점에서 바꾸어 드립니다.
※ 저작권자를 찾지 못한 사진에 대해서는 저작권자를 확인하는 대로
   계약을 체결하도록 하겠습니다.